ど〜する
海洋プラスチック

速報 とにかく早いのが取り柄

西尾哲茂

海洋プラスチック問題に一番乗り!!

信山社

ど〜する

何か大変なことのようだが…ど〜する。

海洋プラスチック問題を知ったときの第一感です。

近年、衝撃的な知見や思い切った取り組みが発表され、急速に話題になり、各方面で取り上げられています。

本当にどうなの？

調べなければならないことが山ほどあり、問題の切り口も区々様々で、かつての地球環境問題が認知される前夜の状況にも似ているような気がします。

そこで、専門家でない私が、とりあえず理解したことをお伝えして、この問題を考えるお役に立てばいいな~と思って、『ど〜する　海洋プラスチック』をまとめました。

速報:とにかく早いのが取り柄ですが、？？？も残ります。

これから？？？がドンドンほどけていって、本格的な取り組みが展開されるなら素晴らしい！とワクワクしています。

《 目 次 》

そこで

ど〜する
海洋プラスチック

Ⅰ　魚より多くなる？皆が言っているぞ！

1．魚より多くなる。そんな馬鹿な！

（1）魚より多くなる？そんな馬鹿な！というのが第一感でしょうが、現在のトレンドのままでいったらそうなる。

色々なところで、このショッキングな警鐘が鳴らされ、人口に膾炙し始めたのは、驚くべきことです。

私がこれを知ったのは、エレン・マッカーサー基金の報告書[i]で、2016 年のダボス会議で報告されて注目を浴びました。

その見積もりはこうです。

現在海洋にあるプラスチックの総量は 1 億 5 千万トン、魚類の総量を 8 億 12 百万トン。

毎年のプラスチックの海洋への漏出量は、2010 年には 8 百万トン、2015 年には 9.1 百万トンとして、何も対策をしないでいると、2015 年から 2025 年迄は、この漏出量が毎年 5%ずつ増加、2025 年から 2050 年迄は毎年 3.5%増加すると仮定。

魚類の方は減少するかもしれないが、現状維持とする。すると 2025 年には 2 億 5 千万トンを超えてプラスチック 1 対魚類 3 となり、2050 年には、更に 6 億トン増加して、重量ベースで、プラスチックが魚類の賦存量を超えることになります。

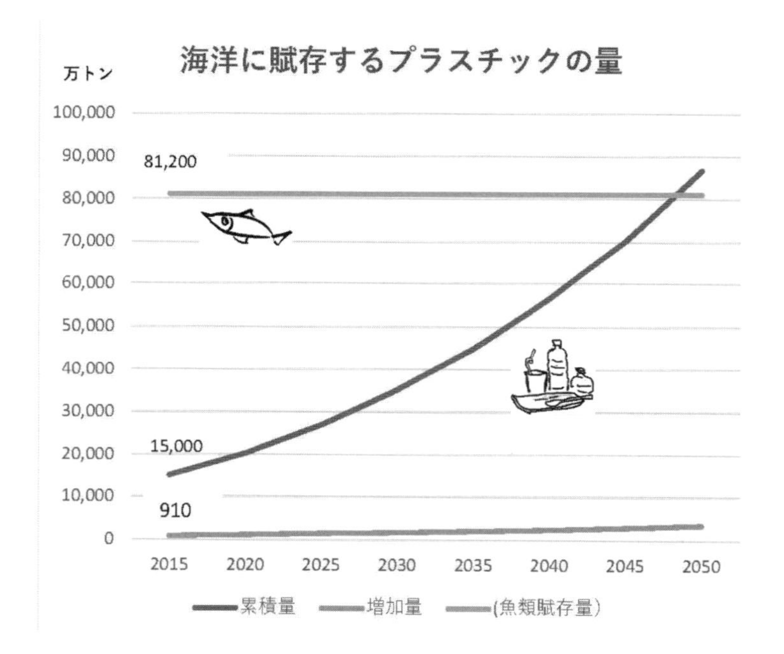

《エレン・マッカーサー基金の報告書の記載に基づいて作成》

こんなイメージかなぁ～

グローバルな推計は大変ですが、魚の賦存量等、まあそんなものでしょうか。[1]

---

[1] これまでは、漁獲の増大が、漁業資源の持続的利用を脅かさないか心配だという文脈で注目されてきました。ちなみに、近年の世界の漁業生産は国連食糧農業機関の報告によると次の通りです。

だとすると、そんな馬鹿な、と言っても、ステディに年率で伸びていけば、そういう計算になる。だから、あり得る。

（２）計算は正しい。では、別の意味で、そんなはずはない。そんな馬鹿な！その直感は、別の意味で重要です。

よく環境問題の喩で引かれる毎日２倍になる蓮池は、明日(30 日目)には一杯になるとしても、今日(29 日目)は何でもない。でも、プラスチックが魚より多くなるなら、気づかないどころか、その途中で様々な不都合が生じそうです。

温暖化問題が取り上げられた当初は、このままでは、CO_2濃度が産業革命以前の２倍になって、世界の主要都市が海没するとセンセーショナルな取り上げ方がされましたが、いうまでもなく、そこまで行く前に、異常気象

世界の漁業生産　（百万トン）

	2011	2012	2013	2014	2015	2016
漁獲	92.2	89.5	90.6	91.2	92.7	90.9
うち海洋	*81.5*	*78.4*	*79.4*	*79.9*	*81.2*	*79.3*
水産養殖	61.8	66.4	70.2	73.7	76.1	80.0
合計	154.0	156.0	160.7	164.9	168.7	170.9

《FAO“*THE STATE OF WORLD FISHERIES AND AQUACULTURE* ”(2018)p4 から作成》

これをみると、近年の魚消費の増加に伴い、養殖を含む総生産量は増えていますが、海洋漁獲量は横ばいになっています。

の頻発など、様々な大規模の擾乱・悪影響が起こる、そのことが今実感をもって世界の人々に知られています。海洋プラスチックも同様の経過を辿るなら、そんな馬鹿な！というのは、「魚より多い8億トン超になる」という量の大きさなのではなく、「2050年には」というリードタイムの短さです。

キメ言葉は、海面上昇、魚より多くなる。温暖化のアナロジーで行くなら、その終局に至る半分より前には様々な悪影響が起こるかもしれない。そうだとすると、十年後、二十年後という近くじゃないか！ということになります。

2．すでに世界中の海にプラごみが一杯

（1）海洋汚染については、20 世紀後半からタンカー事故などに伴う油濁汚染や、重金属や PCB 等難分解性物質の汚染が懸念されていました。プラスチック汚染についても、1970 年代早々に指摘されていましたが、その後 40 年間、海洋におけるプラスチックの賦存量やその起源の精密な見積もりは行われてきませんでした。[2]

もちろん、特定の海域や、海岸で見つかる目を覆うような〝ごみ〟についての指摘は多々なされてきたわけですが、近年の研究で、プラスチック汚染が、すでに世界中の海に蔓延しているのではないかという懸念がされています。

グローバルスケールで、プラスチックの海洋への広がりを推計した、おそらく最初の研究は、2014 年末 POLOS ONE に掲載された Erikson ら(2014)の研究[ii]によるものですが、その微細サイズプラスチックの密度推計図を見ると、大西洋北部、太平洋東アジア・東南アジア、インド洋に、高濃度域が示されています。

---

[2] 後記引用の Geyer ら(2017)の研究でも、このような認識が示されています。

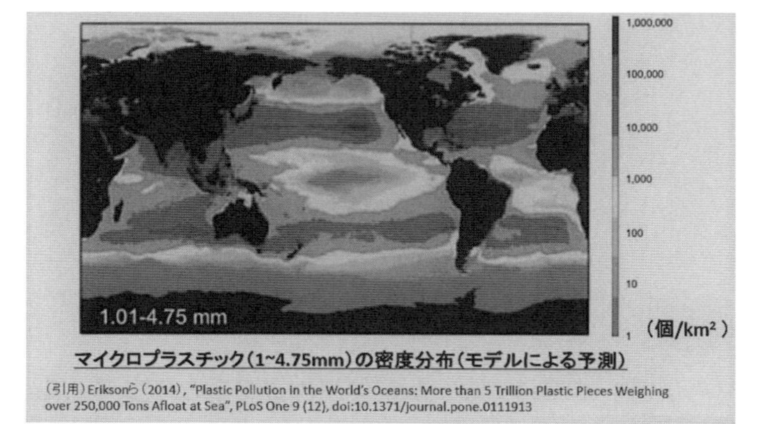

《Erikson ら(2014)による》

（２）気候変動に見るような様々な定点での観測と、地球規模の大きなモデルでの検討が重ねられているわけではありませんが、プラスチックの生産消費量が増大の一途を辿れば、リサイクルや処理方法の飛躍的改善がない限り、海洋へのリーク[3]は蓄積するばかりでしょう。

したがって、多くの指摘は、生産消費量の増大や、そこからの推計値なのですが、しかし、これが極めて憂慮

---

[3] プラスチックが、何らかのルートを経て海洋に到達する（リサイクル等再利用のループに乗らない、廃棄処理においても、熱利用されるか完全な埋め立てができない等のものが、主として河川等を通じて流入する。中にはマイクロビーズのように意図的に混入捨てられる。etc.）ことは、leak と言うのが良いのでしょうが、漏出ではものものしいので、〝リーク〟と言うことにします。

すべきであることを訴えています。

Geyer ら(2017)の研究[iii]では、1950 年以降生産されたプラスチックは 83 億トンを超え、63 億トンがごみとして廃棄された。 回収されたプラスチックごみの 79%が埋立あるいは海洋等へ投棄されている。リサイクルされているプラスチックは 9%に過ぎない。現状のペースでは、2050 年までに、どんどん増えていって 120 億トン以上のプラスチックが埋立・投棄されるとしています。

【世界のプラスチック生産量と廃棄量】

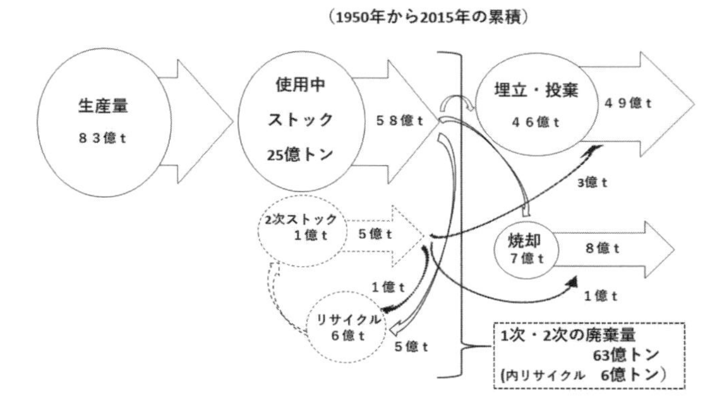

《Geyer ら(2017)の研究から見やすく図示した》

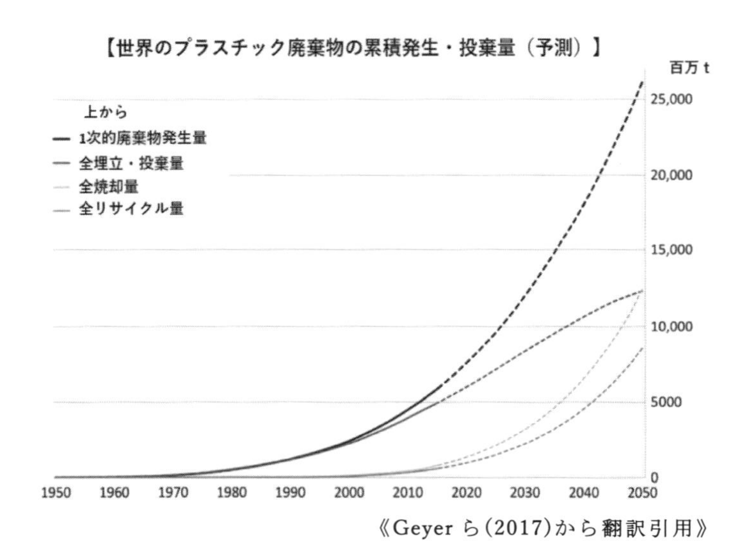

《Geyer ら(2017)から翻訳引用》

（３）こういう風に推測していくと、やはり経済発展の度合いから見て、北大西洋、太平洋北部等で事態が進行しているのではないか？ということになります。

果たして、アジア諸国が上位を占めているとするJambeck ら（2015）によるランキング、もあります。[iv]

【海岸から50km以内の居住者から発生するプラスチック廃棄物で不適切処理されたものの推計量（2010年）】

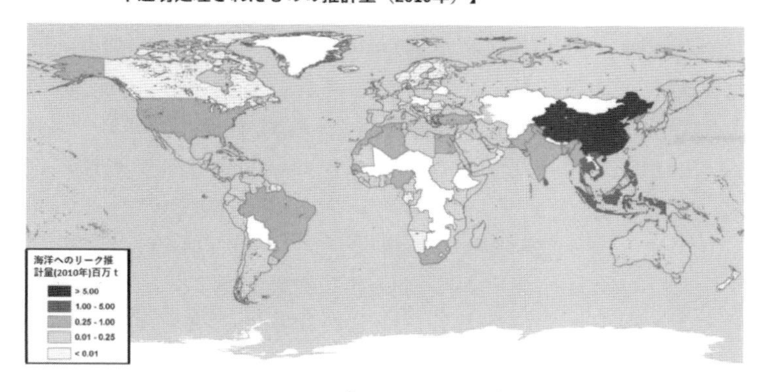

《Jambeck ら（2015）から翻訳引用》

【海洋ごみの発生量ランキング（2010年）】

1位	中国	132〜353万　t /年
2位	インドネシア	48〜129万
3位	フィリピン	28〜　75万
4位	ベトナム	28〜　73万
5位	スリランカ	24〜　64万
	⋮	
20位	アメリカ	4〜　11万
	⋮	
30位	日本	2〜　6万

(EUの沿岸23国合計は、18位に相当する。)

《Jambeck ら（2015）から作成された中環審資料による》

もっとも、この見積もりは、沿岸 50km 以内の居住者数を推計、1 日に発生するごみ量、そのうちプラスチック割合、そのうちの不適切処理等がされている割合を、次々に世界銀行の統計等から推計して掛け合わせて管理できていないプラスチックごみ量を算定(2010 年に 3,190 万トン) し、この管理できていないごみが海洋に流出する割合をサンフランシスコ湾の調査データから 15%～40%と見積もって算出（2010 年で 480~ 1,270 トン）したものですから、仮定と推計を重ねたという限界はあります。けれども、少ない知見で工夫して検討したものと言えるでしょう。[v]

（４）じゃ、先進国は、いいのじゃない？

そうは行きません。

プラスチックの生産量は急速に増加しているし、そのうちかなりの部分が、包装用途です。

UNEP（国連環境計画）が「シングルユースプラスチックに関する報告書（2018 年)」[vi]を 2018 年 6 月に発表しましたが、そこでは、先の Geyer ら（2017）の研究を参照して、プラスチック生産量（2015）を産業セクター別にみると、容器包装セクターのプラスチック生産量が最も多く、全体の 36%を占めているとしています。

【産業セクター別の世界のプラスック生産量(2015)】

I魚より多くなる？皆が言っているぞ！

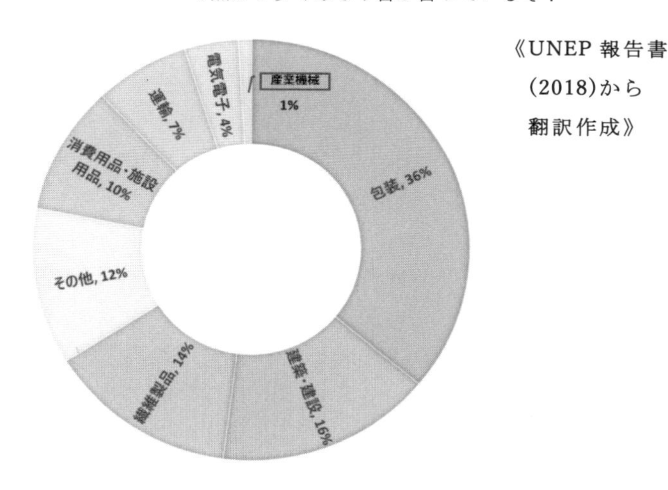

《UNEP 報告書(2018)から翻訳作成》

そして、同じくUNEPの報告書では、Geyerら（2017）の研究を参照して、各国の１人あたりプラスチック容器包装の廃棄量を推計比較しています。

プラスチック包装の廃棄量(2014年)

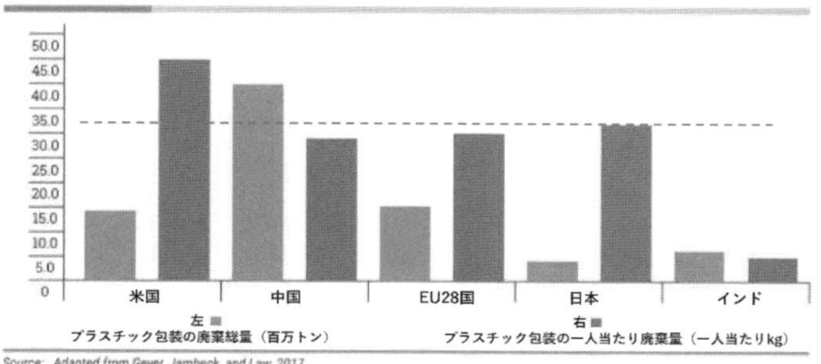

《UNEP 報告書(2018)から翻訳作成》

推計では、日本の人口１人あたりのプラスチック容器包装の廃棄量は、米国に次いで多いこととなります。

OECDは、2018年「再生プラスチック市場のレビュー」を発表[vii]してプラスチック資源循環について警鐘を鳴らしていますが、そこでも、先のGeyerらの論文に拠って、世界のプラスチック生産の推移を掲げています。

これを見ても、プラスチック、とりわけ包装用途のプラスチックについて、海洋プラスチック問題はもちろん、資源循環問題としても、このままでいいのかという急速な増大が見て取れます。

【世界のセクター別プラスチック生産 (1950~2015)】

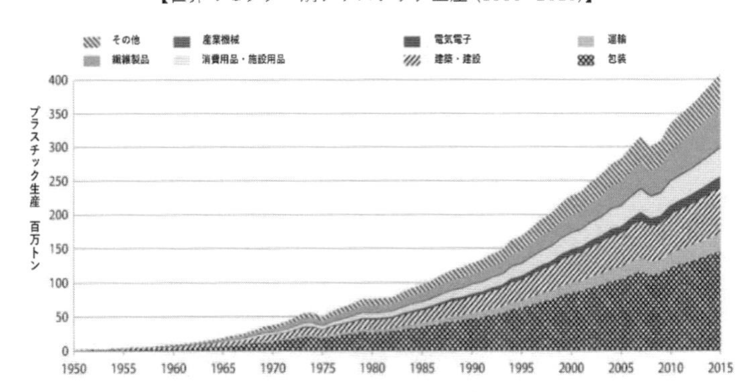

Source: Geyer, Jambeck and Law (2017[1]), *Production, use, and fate of all plastics ever made*, http://bit.ly/2uBs8AT.

《OECD「再生プラスチック市場のレビュー」から翻訳引用》

３．プラスチックどこが悪い

（１）何か大変なことのようだが、でもプラスチックのどこが悪いのか。

そもそも、海洋に、廃プラスチックが漂い、蓄積しているのが悪い！当り前じゃないか。

海洋は、様々な資源を供給し、様々な汚染物等を浄化し、気象・海象を調整する人類共有の財産です。

「いずれの国も、海洋環境を保護し及び保全する義務を有する。」のは当然（国連海洋法条約192条)。

海岸漂着ゴミや、海域で採取される人為起源のごみのうち、６、７割は廃プラスチックと言われますから、これを放置して良いわけがない。

海岸のごみは景観を害するし、海辺では泳ぎや海のリクレーションを妨げるが、人の目に触れない外洋のごみはどうなんだろうというのは、人の入らない富士の樹海の中ならごみが捨ててあっても構わないとする論と同じです。

（２）人類は、様々なものを排出・廃棄しては、それが海洋に達して、拡散・中和・浄化され、あるいは、海洋底に沈下し、あるいはCO_2のように海水に溶け込むことで、助けられている。つまり、海洋を要らないものの捨て場にしているのですが、それが海洋の自浄能力、海洋の自然循環能力の範囲でなければダメなのは言うまでもありません。

現在、大量に使われているプラスチックは、①ポリ塩化ビニル、②ポリスチレン、③ポリプロピレン、④ポリエチレンプラスチックなどです[viii]が、いずれも、酸やアルカリなど耐薬品性、耐水性に優れ、自然環境中で化学的な変化・分解がなかなか進まない。それこそが、プラスチックが大量に使われる利点なのですが、海洋にリークすれば、いつまでもなくならないで、浮遊・蓄積する原因になります。

プラスチックスープの海[4]という喩がありました。

文字通りそうなるなら、つまり、プラスチックの量自体が大きくなりすぎて、海洋の物理的な諸作用に影響を及ぼす。さすがにまだ、そこまで心配することではないでしょうが、海洋にリークするプラスチックが指数関数的に増え続けるなら、その漂流や蓄積が、特定の海域の物理的化学的状況を改変したり、生物群の生息・移動を阻害したり、ということを心配しなければならなくなるかも知れません。

（3）生物・生態系への影響というと、古典的には、漁具やプラスチック片が、からみついたり、付着したりして、鳥類その他の生物の活動が阻害される問題が指摘されてきました。

絶滅を危惧されるような種や、脆弱な特定の地域の生

[4] この問題を先駆的に訴えた海洋環境調査研究者 Charles Moore の著書“Plastic Ocean”の邦訳本の題名は『プラスチックスープの海』海輪由香子訳（NHK 出版 2012 年）と衝撃的でした。

態系には大きな脅威です。プラスチック片を喉に詰まらせているカメの動画は、それだけで人々に大きな悲しみを与えます。

その量が飛躍的に増えれば、生物多様性上の危機をもたらすことは予想に難くありません。

こう書いてくると、人類の発明した物質の安定性が取り返しのつかない環境破壊を招く第三の悲劇か？となりますが…

かつて、PCBが、化学的安定性に優れるゆえにトランス、コンデンサー、各種熱媒体に重宝され、それが仇になって悲惨な健康被害を招いた、また、フロンCFCが消火剤や充てん剤、熱媒体等に優れた性能を発揮し、その安定性ゆえに成層圏まで到達してオゾン層を破壊することとなった、これと同じ構造か？

というとそうもいかないようで、近年のプラスチック汚染の懸念は、それが光や物理的な力によって、分解・破砕されること、つまり壊れやすさ[5]に起因しています。

〝安定しているが、壊れやすい〟こと、つまりその化学的側面よりも、むしろ、破砕・細分された後の大きさのような物理的状況が問題になるのではないか、これが今日注目されている点です。

---

[5] 壊れ易いと言っても、中途半端に壊れ易いことが問題で、生分解性プラスチック（文末注参照）の開発・利用が進められるのも、プラスチックが土壌中などで容易に分解されない、つまり壊れ難い側面が、問題となるからです。

（４）私たちは、食物連鎖により、有害物質が濃縮され、人の健康にも生態系にも、深刻な被害をもたらす悲劇を目の当たりにしました。

プラスチックが吸収摂取され、食物連鎖のループにより何らかの悪影響を及ぼすかもしれません。量的な影響だけでなく、プラスチックへの添加剤の有害性も関わるかも知れません。

このことが十分憂慮すべきであったところに、微小なプラスチックが、海洋各地で見られるようになり、魚類の消化管等に取り込まれていることが報告されるなど、微小プラスチックに対する懸念が一気に広がりました。

微小サイズの人工物が継続して吸収され続けるなら、まだ知見は少ないようですが、それ自体心配です。

とくに、微小なプラスチックに有害化学物質が付着すると問題は深刻になりそうだということは、容易に懸念されます。微小なプラスチックが、食物連鎖を経て有害物質を搬送するシステムとなったら大変です。

また、有害物質の吸収を助長するのとは反対に、プラスチックが必要な栄養分等の吸収摂取を妨げるかも知れません。分かっていないことは沢山あります。

4．マイクロプラスチックが問題か？

（1）マイクロプラスチックは、微細なプラスチックごみで、5㎜以下のものを呼ぶようになりました。

このような微細なプラスチックに、有害な化学物質が含有・吸着すると、海洋生物に吸収され、食物連鎖を経て様々な海洋生物に拡がっていく、食物連鎖の過程で濃縮されるとすれば、更に大きな影響が生じるのではないか？となります。

その結果は、生態系の攪乱、魚介類を食用にする人の健康への影響です。

その恐れがあることは、容易に想像されます。

（2）マイクロプラスチックには、当然のことながら、これより大きなプラスチックが破砕・細分され小さくなったものと、そもそもマイクロサイズで製造された小さなプラスチック製品が流入したものがあります。

後者は、直接供給ですから、「①一次的マイクロプラスチック（primary microplastics）」と呼ばれます。洗顔料・歯磨き粉等のスクラブ[6]剤等に利用されているマイクロビーズ等が、排水溝等を通じて自然環境中に流出、遂に海洋に達したものと考えられます。

[6]「スクラブ」は、研磨剤として古くなった角質層を取り除く効果のある、種子や樹脂などの細粒が入った洗顔料です。Scrub はゴシゴシ洗う・磨くで、手術前の手洗い消毒も意味するので、スクラブで検索すると医療用白衣も出てきてびっくりします。

前者は、海洋等の自然の環境中に供給された後、物理的作用を経て生成されるものですから「②二次的マイクロプラスチック（secondary microplastics)」と呼ばれます。いずれにしても、こうした微細プラスチックが有害化学物質を搬送する可能性があるなら、是非とも解明しなければなりません。

（３）プラスチックそれ自体は、生物への毒性がないと言ってもいいのですが、有害化学物質が含有・吸着されると、そうはいきません。

「海洋を漂うプラスチックにはさまざまな有害化学物質が含まれていることが最近の研究で明らかになってきている。それらの有害化学物質は(1)添加剤やその分解物、(2)周辺海水中から吸着してきた疎水性の成分に大別される。」[7]

(1)含有される有害物質には、酸化防止のための添加剤に含まれるノニルフェノール（いわゆる環境ホルモンとして懸念された物質）などがありますが、それに限らず、様々な有害物質を(2)吸着するとなると、更に問題が広がります。

とくに、POPs残留性有機汚染物質[ix]、その代表はPCBですが、これが微小プラスチックに吸着され搬送されるとなると、生物・生態系に対する大きなリスクになりかねません。

---

[7]高田秀重ら「プラスチックが媒介する有害化学物質の海洋生物への暴露と移行」海洋と生物 215vol.36,No.6(2014年)p579

（4）〔有害物質→プラスチック〕、次は〔プラスチック→生物〕は、ということですが、今日、様々な大きさのプラスチックが多種多様な生物に取り込まれていることが分かっています。

「現在では200種以上の生物がプラスチックを摂食していると考えられる。クジラ、ウミガメ、海鳥、魚の消化管からmmサイズからcmサイズのプラスチックが検出されている。…μmサイズのプラスチックが自然界の生物から検出された例は、イガイで報告されている」、ミジンコなどの動物性プランクトンが微小プラスチックを摂食することも室内実験で確認されている[8]ということです。

（5）もちろんこれだけで、〔有害物質→プラスチック→生物〕と断言はできませんし、ましてや、そのリスクの大きさを評価するとなると、更に多くの観測・研究、定量的な分析が必要です。

しかし2017年に発表された研究報告〝世界で最深のマリアナ海溝から採集されたカイコウオオソコエビから高濃度のPCBが検出〟は、世界を震撼させました。[9]

---

[8] 高田秀重「海洋プラスチック汚染の概況と今後の課題」海洋と生物 215vol.36,No.6(2014年)p560

[9] 英国アバディーン大学のA. Jamiesonらが、マリアナ海溝（採取深度幅7,841～10,250m）からカイコウオオソコエビ（体長4～5cm）を採取、分析したところ、147～905ng/g:平均値382ng/g（ppmなら0.147～0.905ppm:平均値0.382 ppm）のPCBを検出。

最も人為汚染から遠い深海部にまでPCBを運んだ犯人は誰だ？重大な関心を寄せざるを得ません。

（6）こういうわけで、マイクロプラスチックは心配です。

そして、微小でない普通サイズのプラスチックも、一旦海洋にリークすると、いつまでもマイクロビーズの供給源になり続ける、そうだとすれば大変なことで、時間軸も加味すると、普通サイズのプラスチックが終局的に及ぼす影響は計り知れないものとなります。

話はグルっと回ってきましたが、マイクロプラスチックだけをターゲットにすればよいというわけにはいかないのです。

グルっと回る

これは工業地帯からの廃液に汚染された沿岸堆積物のPCB濃度（乾燥試料）の最高値（米国グアム）314 ng/gからみても極めて高い分析値だと言われています。

Ⅱ　いま皆どうしているのだ

1.スタバのプラスチックフリー宣言が世界を揺るがす！

（1）2018年7月9日コーヒーチェーン大手のスターバックスが「プラスチック製の使い捨てストローの使用を、2020年迄に世界中の店舗で全廃する」と発表し、大きな関心を呼ぶこととなりました。

先行的な動きもあったのですが、2018年に入ってから、コカ・コーラや、マクドナルド、ケンタッキー・フライド・チキンなど名だたる飲食関係チェーンが、ワンウェイプラスチックの使用廃止や、包装材の再生利用などを打ち出しました。更にこうした取り組みは、飲食品関係企業のみならず、航空会社、ホテルチェーン、アディダス、レゴ、SCジョンソンのような生活・家庭密着型商品・サービスに拡がっています。

【グローバル企業による取り組み１】

企業名	取り組み	
ユニリーバ	2017.1 発表	・2025年までに同社のプラスチック容器すべてをリユース、リサイクル、堆肥化可能なものにする。
コカ・コーラ	2018.1 設定	・グローバル目標：2030年までに製品に使用するすべてのボトルと缶を回収・リサイクルする。

マクドナルド	2018.1 発表	・2025年までに容器包装の100%に、再生可能資源、リサイクル資源又は認証済資源を使用する。 ・2025年までに全店舗で容器包装をリサイクルする。
ネスレ	2018.4 発表	・2025年までに包装材料を100%リサイクル又はリユース可能とする。
スターバックス	2018.7 発表	・2020年までに世界中の店舗でプラスチック製使い捨てストロー使用を全廃
ダノン	2018.10 発表	・2025年までに全ての包装材を再生・再利用・堆肥化可能化を目指す。
ペプシコ	2018.10 発表	・2025年までにプラスチック包装には再生素材25%、特に飲料ボトルには再生PETを33%使用。
テトラパック・ヴェオリア	2018.11 発表	・2025年までに回収された飲料パック全てリサイクル可能にすることを目指す。
ケンタッキー・フライド・チキン	2019.1 発表	・2025年までにすべてのプラスチック包装を回収・再利用する。
ディズニー	2018.7 発表	・2019年までに全施設で使い捨てプラスチック製のストロー、マドラーの使用廃止 ・数年の間にアメニティーを詰め替え可能にする等室内プラスチックを80%削減

アラスカ航空	2018.5 発表	・2018.7 からプラスチック製マドラー、ピックを白樺マドラー、竹ピックに変更
ヒルトン	2018.5 発表	・2018 年内に全ホテルでプラスチック製ストローの使用廃止
マリオット・インターナショナル	2018.7 発表	・1 年以内に世界中の施設でプラスチック製ストロー、マドラーの使用廃止
アディダス	2016 開始 2018 開始	・店舗のビニール袋を紙袋に置き換え。 ・海洋から収集された再生プラスチックによる靴の製造開始。 ・新生プラスチックの使用を段階的に廃止。2024 までに全製品に再生ポリエステルのみの使用を目指す。
レゴ	2018.8 開始	・植物由来のポリエチレン製品を投入。2018 年内に全工場で切り替え。
SC ジョンソン	2018.10 発表	・2025 年までに全プラスチック包装材の再生・再利用・堆肥化可能化を目指す。

加えて、運用投資会社による海洋プラスチック対策基金、宅配時に空容器を回収・再利用する「ループ」の設立など、企業のアライアンスによる取り組みも活発化してきています。

【グローバル企業による取り組み２】

企業名	取り組み

サーキュレート・キャピタル	2019 前半の合意を目指す	・海洋プラスチック対策基金を立ち上げ、ペプシコ、P&G、ダウ、ダノン、ユニリーバ、コカ・コーラ・カンパニー等の大手企業から約 9,000 万米ドルの出資を募る。
ループ	2019 秋設立を目指す	・パリ、ニューヨークを中心に、240 以上のブランドと提携し、宅配時に空容器を回収し、洗浄・補充・再配達するシステムを運営する企業「ループ」を設立。

《以上二表は、環境省中環審プラスチック資源循環戦略小委員会資料から作成》

（２）国内企業でも、プラスチック製ストロー等の使用廃止を発表する企業が、2018 年に相次ぎました。

【国内企業等による取り組み１】

企業名	取り組み	
すかいらーくホールディングス	2018.8 決定	・2020 年東京オリ・パラまでに使い捨てプラスチック製ストロー使用廃止。 ・2018.12 からガストで上記先行実施。
デニーズ	2018.11 開始	・40 店のドリンクバーでプラスチック製ストロー提供廃止。 ・2019.2 までに全ドリンクバーに拡大を図る。

ロイヤルホールディング	2018.11 開始	・一部店舗でプラスチック製ストローの提供廃止。 ・2019.4 までにロイヤルホスト等の直営店で、2020 年までにグループ直営店で上記実施。
H&M ジャパン	2018.12 開始	・2018.12.5 からプラスチック製買い物袋を紙製化および有料化
キャピトルホテル東急等	2018.12 発表	・木材ストロー製品化開始。 ・2019.4 までに、プラスチック製ストローを使用廃止
大江戸ホールディングス	2019.1 実施	・全店舗でプラスチック製ストロー使用廃止。
リンガーハット	2019.1 実施	・全店舗でプラスチック製ストロー使用廃止。
小田急電鉄	2019.1 実施	・ロマンスカーの車内販売でプラスチック製ストローの使用廃止
アサヒ飲料	2019.1 発表	・2019.2 からラベルレス商品で宅配・通販する。
モスフードサービス等	2019.1 発表	・2020 年までに直営店のテイクアウト用のプラスチック製カトラリー使用、プラスチックストローの備え付け廃止を図る。

企業団体による取り組みも発表されています。

【国内企業等による取り組み２】

団体	取り組み	
全国清涼飲料連合会	2018.11 発表	・2030 年度までに PET ボトルの 100%有効利用を目指す等、3R を格段に強化。
クリーン・オーシャン・マテリアル・アライアンス	2019.1 発足	・プラスチック製品の３Ｒの取組のより一層の強化や代替素材の開発導入を推進（2019 年 1 月約 160 社団体が参加）。

また、技術的ブレークスルーを目指した動きも強まると思われます。

【国内企業等による取り組み 3】

団体	取り組み	
ダイワボウレーヨン	2018.6 発表	・ビッグサイト展示会で木材パルプを原料とする天然由来繊維としてのレーヨンを展示。
清水建設	2018.12 発表	・木材からバイオプラスチック材料であるリグフェノールを抽出・製造する研究施設建設。2021 年の商用プラント着手を目指す。

《以上三表は環境省中環審プラスチック資源循環戦略小委員会資料から作成》

2．もう規制に行ってしまうのか？

（1）いち早くEUでは、①シングルユースプラスチックの規制と、②並行する施策として〝circular economy package〟の推進に取り組んでいます。

原理的・構造的アプローチを採用するということでは、やはり欧州に一日の長があるかもしれません。

（2）EU委員会では2018年5月に、漁具とシングルユースプラスチック製品の規制案を発表、その後シングルユースプラスチック製品については、EU議会が2021年への前倒し規制案を発表、12月にはEU議会と加盟国で基本合意、ということで、今後、欧州議会と欧州委員会の正式承認へと進むこととなります。

① 2021年に禁止される製品は、次のようなものです。

・ 食器、カトラリー(ナイフやフォーク等)、ストロー、風船の柄、綿棒などのシングルユースプラスチック製品

・ 酸化型分解性（oxo-degradable）の袋や包装材、発泡ポリスチレン製のファストフード容器

② また暫定合意として、次の目標等が掲げられています。

・ ペットボトル回収目標：2029年迄に90%回収

・ ペットボトル再生材利用率の目標：
2025年迄に25%、2030年までに30%

・ タバコと海で紛失した網の回収・処理費用を製造業者が負担（拡大生産者責任）

・　路上でポイ捨てされるタバコのフィルター、プラスチックカップ、ウエットティッシュ、生理用品、風船等プラスチックを含む製品に、適切な処分方法を表示

③　EU 委員会で提案された、各品目の規制案は次のようなものです。

EU 委員会では、海洋廃棄物の 80%以上がプラスチックだが、この規制案の対象となるプラスチック製品は、海洋廃棄物の 70%以上を占めるとしています。

【EU 委員会によるシングルユースプラスチック 10 品目と漁具に係る規制案】

	消費削減	市場規制	製品デザイン要求	ラベル要求	EPR	分別収集対象物	意識向上
食品容器	○				○		○
飲料のフタ	○				○		○
綿棒		○					
カトラリー・皿・マドラー・ストロー		○					
風船の棒		○					
風船				○	○		○
箱・包装					○		○
飲料用容器・蓋			○		○		○
飲料用ボトル			○		○	○	○
フィルター付タバコ					○		○

ウエットティッシュ				○	○		○
生理用品				○			○
軽量プラスチック袋					○		○
漁具					○		○

（上記の説明）	
消費削減	各国が削減目標を設定し、代替品の普及・シングルユースプラスチックの有料配布を実施
市場規制	代替物が容易に手に入る製品は禁止。持続可能な素材で代替品を作るべき製品の使用禁止
製品デザイン要求	複数回使用可能な代替物・新しい素材、より環境に優しい製品デザインとする。
ラベル要求	廃棄方法表示・製品の環境負荷表示・製品にプラが使用されているか表示
EPR（生産者の義務拡大）	生産者はごみ管理・清掃・意識向上へのコストを負担する。
分別収集対象物	デポジット制度等を利用し、シングルユースのプラスチック飲料ボトルの90％を収集する。
意識向上	使い捨てプラ・漁具が環境に及ぼす悪影響について意識向上させ、リユースの推奨・ごみ管理を義務付ける。

《環境省中環審プラスチック資源循環戦略小委員会資料による》

（３）EUの決定を待つまでもなく、フランスでは、2016年8月30日に政令を公布し、2020年1月1日以降、使い捨てプラスチック容器について原則使用禁止としています。禁止の対象は、主な構成要素がプラスチックで、使い捨てが想定されているタンブラー、コップ、皿です。

また、英国では、2018年4月18日、産業界と調整してリードタイムを設けるとしながらも、プラスチックストロー、マドラー、綿棒の販売禁止を打ち出しています。

（4）いきなり規制かよ？ということですが、数年前から、資源循環に関する取り組みが強化されており、2015年には、拡大生産者責任の見直しを始めとする〝circular economy package〟が基幹となる政策として取り上げられています。[10]

主要アクションプランとされるのは、次のもので、プラスチックリサイクルも大きな柱とされています。

【EUサーキュラー・エコノミー・パッケージ
主要アクションプラン】

主要アクシ	EPRの見直し	・エコデザインとの関連性・透明性確保の観点から見直し ・衣類・家具にも適用の検討
	エコデザイン	・リサイクルより修理・アップグレード・再製造のし易さを強調

---

[10] そもそも〝拡大生産者責任(Extended Producer Responsibility、EPR)〟の考え方を大旆として打ち出したのは、1994年のドイツの循環経済・廃棄物法で、2001年には、OECDが〝拡大生産者責任ガイダンスマニュアル〟をまとめています（2006年改訂）。

ョンプラン	食品廃棄物削減	・食品チェーンから排出される食品副産物・食品残渣の再使用のための食品寄付の促進 ・賞味期限表記の方法と消費者における正しい理解の促進
	プラスチックリサイクル促進	・自治体系・容器包装系廃棄物における非常に意欲的な目標値の設定
	二次原材料利用促進	・樹脂優先に市場ニーズに適合した二次材の品質スタンダードを開発するための作業を実施
	公共・グリーン調達	・エコデザイン・再生材使用の推進のため、公共・グリーン調達を官民で取り組む姿勢を強調

《環境省中環審プラスチック資源循環戦略小委員会資料による》

そして、サーキュラー・エコノミーの効果として、経済成長と雇用創出をうたっています。

・GDP：2030年までに＋７％：約１兆ユーロ
・6,000億ユーロ（約74兆円）のコスト削減
・EU圏内での年商8%アップ
・2035 年迄に、廃棄物管理分野における 170,000 人の直接雇用

ここまでは、日本でも、循環型社会形成推進基本計画を掲げてやっていることではないか、ということになりますが？

（４）この流れを踏まえて、EU委員会では、2018年１月にプラスチック戦略を打ち出しました。

【EU 委員会プラスチック戦略】（2018 年 1 月欧州委員会）

1 プラスチックリサイクルの経済性と品質の向上
・2030 年までにすべてのプラ容器包装を、コスト効果的にリユース・リサイクル可能とする。 ・企業による再生材利用のプレッジ・キャンペーン ・再生プラスチックの品質基準の設定 ・分別収集と選別のガイドラインの発行
2 プラスチック廃棄物と海洋ごみ量の削減
・使い捨てプラスチックに対する法的対応のスコープを決定する ・海洋ごみのモニタリングとマッピングの向上 ・生分解性プラのラベリングと望ましい用途の特定 ・製品へのマイクロプラの意図的添加の制限 ・タイヤ、繊維、塗料からの非意図的なマイクロプラの放出を抑制するための検討
3 サーキューラーエコノミーに向けた投資とイノベーションの拡大
・プラスチックに対する戦略的研究イノベーション ・ホライゾン 2020(技術開発予算)における 1 億ユーロの追加投資
4 国際的なアクションの醸成
・国際行動の要請・多国間イニシアティブの支援・協調ファンドの造成（欧州外部投資計画）

《環境省中環審プラスチック資源循環戦略小委員会資料による》

大きな全体像の中で、プラスチック対策を講じていくやり方は、さすがと思いますが、頭から、生産・使用サイドに突っ込んでいるようにも見えます。

それは、サーキュラー・エコノミーとして、経済上もメリットがあるからということでしょうが、本当にそれがいいのかは考えなければならないと思います。

大きな変化があるかも…

３．中国、そして途上国に拡がるプラスチック輸入規制

（１）2017 年に、中国がプラスチック廃棄物の輸入禁止に踏み切ったことで、世界中に驚きが走りました。

それまで中国は、世界最大のプラスチック廃棄物輸入国であり、国際再生資源連盟では、2016 年の中国の廃プラスチック輸入量は 8 百万トン以上（同年の世界の貿易量 15 百万トン）で、禁輸措置により 2018 年の輸入量は従前の 30～40%減と見込まれ、年間 5 百万トンにも及ぶプラスチック廃棄物の行き場を探さなければならなくなると悲鳴を上げています。[11]

（２）中国は、かねてからプラスチックを輸入して資源として再利用、形を変えて輸出されるものも多いから、世界のプラスチック貿易の大中継国であり、また、エネルギー源として熱利用も行ってきました。

このため、混入物や残滓により看過できない環境問題を生じてきたが、もう我慢がならないということで、次のような輸入規制を実施しています。

【中国政府等の輸入規制への動き 1】

---

[11] 国際再生資源連盟(Bureau of International Recycling)は、同連盟案内によれば、７０ヶ国から３５の国別リサイクル連盟を含む８００のメンバーを擁する世界最大の非営利国際貿易連盟。貿易量等は、同連盟 2017 年年次報告によりました。

<table>
<tr><td>・2017.7「固体廃棄物輸入管理制度改革実施案」公表
一部地域で環境保護を軽視し、人の身体健康と生活環境に対して重大な危害をもたらしている実態を踏まえ、固体廃棄物の輸入管理制度を十全なものとすること、固体廃棄物の回収、利用、管理を強めることなどを基本的な思想とし、以下の点を盛り込む。
・2017 年末までに環境への危害が大きい固体廃棄物の輸入を禁止する。
・2019 年末までに国内資源で代替可能な固体廃棄物の輸を段階的に停止する。
・国内の固体廃棄物の回収利用体制を早急に整備し、健全な拡大生産者責任を構築し、生活ゴミの分別を推進し、国内の固体廃棄物の回収利用率を高める。</td></tr>
<tr><td>・2017 年 8 月「輸入廃棄物管理目録」の公表(2017.12.31 施行)
非工業由来の廃プラスチック（8 品目)、廃金属（バナジウム）くず（4 品目）などの 4 類 24 種の固体廃棄物を「固体廃棄物輸入禁止目録」に追加</td></tr>
<tr><td>・2018 年 4 月　固体廃棄物の段階的な輸入停止方針を公表
2018 年 12 月末に、工業由来の廃プラスチック、廃電子機器、廃電線・ケーブル等の輸入を停止する。</td></tr>
</table>

（3）今の問題は、中国が輸入しないということですが、かつて日本では、中国にペットボトルが大量に流れて、国内リサイクルが立ち往生するという逆の問題が起きました。

例えば、2004 年では、原油価格の高騰、資源価値の増嵩のため、中国、香港等の国外へ流出するペットボトルは、

2004年時点では年間約20万トンに上りました。

このため、2006年には容器包装リサイクル法を一部改正して、「再商品化のための円滑な引渡し等に関する事項」を基本方針に定める事項に追加し、基本方針においては次を盛り込むに至りました。

① 市町村は、自ら策定した分別収集計画に従い…指定法人等に分別基準適合物を円滑に引き渡すことが必要であること、

② 市町村の実情に応じて指定法人等に引き渡されない場合にあっても、市町村は、リサイクル施設の施設能力を勘案するとともに、それが環境保全対策に万全を期しつつ適正に処理されていることを確認し、住民への情報提供に努める必要があること

その後、リーマンショックなどの情勢変化により、問題は落ち着きを見ましたが、こうした経験からすれば、今度は輸入禁止とは、日本にとっては、横腹を衝かれたような話ですが…

（4）中国以外の途上国でも、使い捨てプラスチック輸入規制が広がっています。

【中国政府等の輸入規制への動き2】

タイ国政府の動き
2018年6月電子廃棄物・廃プラスチックの輸入制限を強化 ・廃プラスチックの違法輸入業者に対して、取締りを強化するとともに、新規輸入許可手続の停止を実施。 ・廃プラスチックの輸入を一律禁止にする検討の方針

マレーシア政府の動き
2018年9月10月23日以降、廃プラスチック1トンにつき15リンギットを課税すると発表。 輸入許可基準が追加され、より厳格化。MIDA（マレーシア投資開発局）の承認も必要。

《以上二表は環境省中環審プラスチック資源循環戦略小委員会資料による》

これまでのプラスチック廃棄物の大規模な輸入国や途上国が、経済発展が進んで環境対策が重視されるに従い、方針を転換して輸入規制に向かうということは、考えてみればしごく尤もで、時代の推移の中で、そうなる筈だったと言うこともできるでしょう。

正しく、環境保全意識がモチベーションとなっているなら、大変結構なことです。

とはいえ、e-waste と同様、これらの国に輸出して処理することに依存していた先進国が、経済的に厳しい状況に陥ることも事実です。長期的戦略に基づいて対応をとっていかなければ、静脈から遡って、動脈産業にも影響を与えかねないこととなります。

（5）使い捨てプラスチック問題は、廃棄による環境問題とともに国内資源の節約確保の観点もあるのでしょうか、途上国でも積極的な取り組みが見られ、温暖化問題とは、少し様子が違って見えます。

日本でも、注目されながら些か手こずっているレジ袋についても、結構多くの国々が、有料化や禁止を行っています。

【レジ袋規制の動き】

地域	種別	国・地域
アジア	課税・有料化	台湾、ベトナム、中国、インドネシア、イスラエル
	禁止令	バングラデシュ、ブータン、中国、インド、モンゴル、スリランカ、イスラエル
アフリカ	課税・有料化	ボツワナ、チュニジア、ジンバブエ
	禁止令	ベニン、ブルキナファソ、カメルーン、カーボベルデ、コートジボワール、東アフリカ、エリトリア、エチオピア、ザンビア、ギニアビサウ、ケニア、マラウイ、モーリタニア、モーリシャス、モロッコ、モザンビーク、ニジェール、ルワンダ、セネガル、ソマリア、南アフリカ、チュニジア、ウガンダ、ジンバブエ、(マリ、タンザニア)
オセアニア	課税・有料化	フィジー
	禁止令	パプアニューギニア、バヌアツ、マーシャル諸島、パラオ
中南米	課税・有料化	コロンビア
	禁止令	アンティグア・バーブーダ、コロンビア、ハイチ、パナマ、(ベリーズ)

ヨーロッパ	課税・有料化	ベルギー、ブルガリア、クロアチア、チェコ、デンマーク、エストニア、ギリシャ、ハンガリー、アイルランド、イタリア、ラトビア、マルタ、オランダ、ポルトガル、ルーマニア、スロバキア、(リトアニア、キプロス)
	禁止令	イタリア、(フランス)

(注)

( )は議会承認段階、

課税・有料化の欄の下線は有料化

禁止令の欄の下線は製造禁止

《UNEP"*SINGLE-USE PLASTICS A Roadmap for Sustainability*"

(2018)から環境省中環審プラスチック資源循環戦略小委員会資料

にまとめられた資料による》

4．マイクロビーズは、環境直撃ではないか

（1）マイクロプラスチックは、5mm以下の微細なプラスチックごみのことで、そのうちマイクロサイズで製造されたプラスチックを一次的マイクロプラスチックと言うのでした。

では、マイクロビーズは、洗顔料・歯磨き粉などのスクラブ剤などに利用されている微細プラスチックということですが？

米国では“Microbead-Free Waters Act of 2015”を定めて、製造販売を禁止しましたが、そこでは「プラスチックマイクロビーズ」は、5mm以下の固形のプラスチック粒子で、人の体その他を、磨き、清潔にするためのものと定義されています。

（2）下水道等でスルーされ、マイクロプラスチックとしての様々な危険があるなら、規制してしまえ！ということで、欧州各国でも取り組みが始まっています。

【各国のマイクロビーズ規制】

	対象	製造禁止	販売禁止	輸入禁止
米国	マイクロビーズを含むリンスオフ化粧品	2017.7	(2018.7 越州商業の禁止)	
フランス	マイクロビーズを含むリンスオフ化粧品	2018.1	(2018.1 市場投入禁止)	

	（芯にプラスチックを使った綿棒も2020年1月から禁止）			
イギリス	マイクロビーズを含む化粧品、衛生用品	2018.1	2018.7	
スウェーデン	マイクロビーズを含む化粧品	2018.7	2019.1	
ニュージーランド	マイクロビーズを含むリンスオフ化粧品	2018.1		
	マイクロビーズを含む車や部屋等の洗浄剤			
カナダ	マイクロビーズを含む歯磨き粉、洗面剤等	2018.1		
	マイクロビーズを含む自然健康製品	2018.7	2019.7	2018.7
韓国	マイクロビーズを含む化粧品	2017.7	2018.7	2017.7
台湾	マイクロビーズを含む化粧品、洗浄剤	2018.1	2020.1	2018.1

《環境省中環審プラスチック資源循環戦略小委員会資料による》

（３）日本では、2010年代中葉から、大手化粧品メーカーによる使用廃止、代替品へのシフトの取り組みが始められ、日本化粧品工業連合会では、2016年３月、会員企業に対し、マイクロビーズ使用の自主規制を要請しています。

いまなお使われているものもあるでしょうし、マイクロビーズの用途は、化粧品のスクラブだけでなく、製造原料や工業用研磨剤、紙おむつなどの高吸収性樹脂を含む衛生用品もありますから、全体への目配りが必要です。

ちなみに、マイクロビーズの販売量は全世界で200万トンを超え、日本でもその1割に迫るという推計もあります。やはり、注視が必要です。

（4）マイクロビーズ以外にも、思わぬ発生源もあります。

合成繊維の服を洗濯したり、スポンジで食器洗いをしたりすれば、摩耗したプラスチックが下水に流れていくでしょう。もちろん、下水道の終末処理で、凝集などによって99%除去されるのではないか、という期待もあります。

しかし、高度な下水処理がされているところは、流域人口が多いし、人口の少ないところではより簡易な排水処理になります。雨量が多くなれば越流します。

日本の先駆的な研究では、東京湾の生物から採取されるマイクロプラスチック中には、繊維状のマイクロプラスチックは少なかったとの報告[12]がありますから、下水処理はそれなりに効いているかも知れません。

しかし、様々な微細な発生源の可能性を、一つ一つつぶしていって、観測解析するのは容易ではありません。

---

[12] 高田秀重「マイクロプラスチック汚染の現状、国際動向および対策」廃棄物資源学会誌 Vol.29 No.4（2018年）pp261-269

Ⅲ プラスチックフリー！それが本当に正解なのか

1．文明の転換が必要か？

（1）ここ数年急速に広がった取り組みを眺めると、

① 海洋プラスチック汚染（とりわけマイクロプラスチック汚染）が広がり、有害物質の搬送媒体となる可能性など生態系、海洋環境に大きな影響のおそれがある。

② 現代社会でプラスチックの製造消費は急速に増大しており、このままでは、①の懸念は深まるばかりである。

③ よってワンウェイプラスチックやマイクロビーズを規制・禁止するとともに、プラスチックに着目した資源循環を進化完成させなければならない。

というストーリーがイメージされます。

（2）これは、文明論として大変面白い！

温暖化問題では、化石燃料から再生可能エネルギーへ、エネルギー面での脱石油（石炭、天然ガスもありますが、それはさておき）を目指します。

こちらでは、プラスチックを再生利用し、あるいは、紙や木製品への代替、バイオプラスチックの開発によって、再生化を高めていく、つまり、物質面の脱石油化を図ることがキーとなります。

地球大の大気環境の危機がエネルギー面の脱石油化を、海洋環境の危機が物質面の脱石油化を余儀なくするなら、良くできた文明論で飛びつきたくなります。

（3）にわかに言われても、そこまで必要なの？できるの？ということでは、原発ゼロに似ていますが…、

原発を巡る議論は一度の事故で様相が一変しました。

プラスチックは、おそらくは、そんな構造を持っていないので、ジワジワ効いてきて、気が付いたら取り返しがつかなくなっている危険があります。

また、世界各国の経済社会、生活の隅々まで緊密に組み込まれている度合いも、遥かに大きいでしょう。

プラスチックに着目した資源循環の進化が必要なことは異論はなく、そのための努力は必要です。

でも、海洋プラスチック問題を解くには、プラスチックゼロにすればよいというだけでは、乱暴に過ぎるような気がします。

（4）かつて〝紙〟の使用量が、その国の文化経済の発展度を示すと言われたことがあります。プラスチックについて、そんなことを言わない今日の社会思潮は、進歩していると思いますが、途上国の経済発展が進む限り、プラスチックの利用の拡大を止めろというのは難しいように思います。

地球温暖化問題では、経済成長と温室効果ガス排出のデカップリングが大切です。

海洋ゴミ問題では、①経済成長とプラスチック排出のデカップリング（つまり循環資源化）とともに、②プラ

スチック排出と海洋へのリークのデカップリングも重要なのではないでしょうか？

このためには、

① プラスチックの生産と消費のデータ
② 消費されたプラスチックの再利用・廃棄のデータ
③ 廃棄その他のルートで海洋にリークするデータ
④ 海洋での移送、分解・破砕、沈降等の挙動のデータ
⑤ 海洋に賦存するプラスチックによる影響リスクのデータ

が必要でしょうが、このうち①と②は、陸上で把握でき、かつ、これまでの３Ｒの取り組みもあって、ある程度、整備が進んでいるでしょうが、③以下の海洋に至る過程、海洋での挙動、海洋での影響は、相当に新しい観測と分析が必要であるように思います。

なかなか大変だ！

2．海洋へのリークさえ遮断すれば～

（1）何をごちゃごちゃ言っているのか？

プラスチックのメリットは手放せない。悪いのはこれを海に捨てるからだ！しっかり、禁止・取り締まればいいんじゃないか？

海洋へのリークさえ遮断すれば良い！という議論も出てきそうです。

確かに、一足飛びにプラスチックフリーに行くのではなく、海洋にリークする経路についての地道な検討をしてみることは必要です。

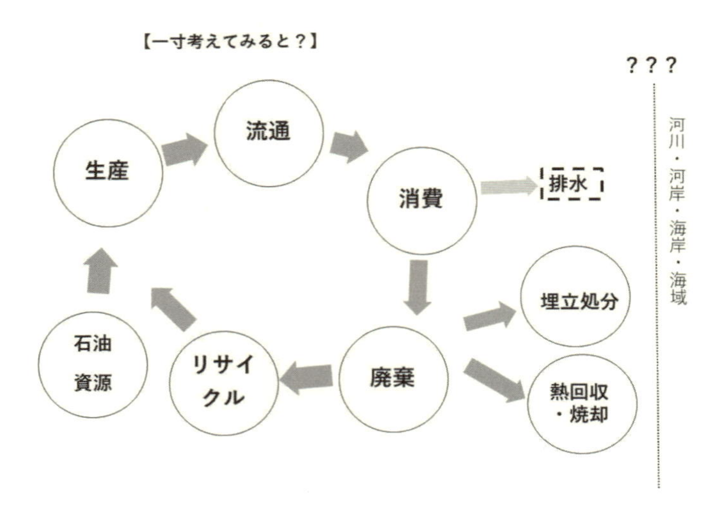

そもそも、廃プラスチックの処分方法として、海洋へ

の直接投棄は、ロンドンダンピング条約[13]でも許されないところですし、わざわざ船積みして海洋投入する経済的なメリットも少ない。

そうすると、リサイクル率の多寡はともかく、適切に埋立なり焼却なりがされれば、海洋にリークしない筈。

もちろん、マイクロビーズ入りの洗顔料などは、直接排出され、先に述べたように下水道で捕集される可能性はあるものの、下水、河川を辿って海域に到達しますから、これは別に考えるとして…

様々な海洋調査で発見される大小の大量の廃プラスチックは、どこから来たのでしょうか？

（2）順に考えていくと、

① 一つには、津波・風水害などの災害による流出です。これは如何ともしがたいかも知れません。

② 二つには、先の Jambeck ら（2015）らの推計根拠にもあるように、不適切な廃棄物処理です。

日本では、極めて厳格に処理されているというものの、不法投棄は跡を絶ちませんし、これが回りまわって海域に達することがあるでしょう。

---

13 ロンドンダンピング条約“CONVENTION ON THE PREVENTION OF MARINE POLLUTION BY DUMPING OF WASTES AND OTHER MATTER” の 96 年議定書で、付属書Ⅰに掲げるものを除き、廃棄物その他の物質の海洋投棄は禁止（4 条 1 項）。付属書Ⅰには天然起源の有機物質等 7 項目が考慮余地ありとされていますが、プラスチック廃棄物は、もちろん該当しません。

③　当該国できちんとした廃棄物処分法制が樹立されていなければ、不法でなくても、漫然廃棄し、山積みされた廃棄物が、飛び散り、流され、海域に達する可能性があります。

Jambeckの推計根拠には「不適切処理ごみ」の他「散乱ごみ」が挙げられています。その積算根拠となった米国の調査[x]では、主に路上、更に路外各所に散らかる紙、プラスチック、ガラス、金属、タバコ等を対象としていますから、いわゆるポイ捨てが中心で、日本の建前で言うと、すべて不法、不適切処理されたごみと言うことかも知れません。

河川、海岸でバーベキューをしてプラスチック袋、容器をポイ捨てするなど、想像に難くありませんし、漁具、釣り具の流出、廃棄もあるでしょう。

④　更に微小プラスチックの供給源ということで考えると、先に述べたマイクロビーズなどの他、生産・流通・消費、更には廃棄物処理過程で、様々な破断、摩耗プラスチックが、排水路・下水路を通じ、あるいは、いわゆるノンポイントソースとなって水系に達していないか、というところまで発展するかも知れません。

（３）こういったことを、途上国も含めて、積み上げで把握していくことは、一寸現実的ではないように思えます。

そうすると、やはり、

①　世界各国で、適切な廃棄物処理、とりわけ、海域に達するような廃棄を行わないこと。

← 適切な廃棄物処分法制の確立と不法投棄の取り締まり規制強化が必要となります。

② 多かれ少なかれ海域に達する可能性があるとすれば、循環型社会づくりを急ぎ、とくにプラスチックの資源循環を図ること。

← こうした技術、システムを途上国に速やかに移転することは効果的です。

ということで、両者をバランスよく進めていくべきという平凡な解になるかも知れません。

（4）加えて、いったん海洋にリークされたプラスチックが、どのような挙動を辿り、いつまで危険な状態で存在するかが問題です。

海洋におけるマイクロプラスチックの賦存量を算定するため、海洋を漂流するマイクロプラスチックの実地調査や、漂流移動モデルの構築への取り組みが始まっています。[14]そこでは、まずは物理的な輸送過程に限ったとしても、波高や風速に左右される水深方向の分布の処理や、破砕・分解が大きく進むと思われる海岸近辺への漂着と再度の漂流の動向の定式化など、複雑な要素の解析を要し、それに比して、本格的系統的な実際の観測も少ない状況にあります。

定点観測の難しさもあり、おそらくは、気候変動の解析の域に達するまでは、相当の隔たりがあるでしょう。

---

[14] 磯辺篤彦「海洋プラスチックごみの発生・移動とその行方」廃棄物資源学会誌 Vol.29 No.4（2018 年）pp270-277参照。

しかも、密度モデル、発生量ランキング、海流を考えれば、北地域の太平洋では、一蓮托生の運命からは逃れられないと思って取り組む必要があります。

（５）プラスチックごみがある限り、これが破砕・分解されて、永久にマイクロプラスチックの供給源となるなら、海洋に達したごみの回収は重要で、まだ微細片化しないうちに処理しようと取り組むNPO[15]もあります。

先に掲げた研究でも、マイクロプラスチックの発生、つまりプラスチックが破砕・分解されてマイクロプラスチックになっていく機序は、おそらく、海洋を漂っている時よりも、海岸に漂着して日光に曝され、海岸砂と摩擦等を通じて微小化する時に大きく働き、そしてこれが再度漂流して海洋に供給されることを重視しています。

更に、南極海においてもマイクロプラスチックが採取されるが、そのサイズは、東アジアで採取されるものよりも、かなり小さいことから、「長い年月をかけて漂流と漂着を繰り返し、その過程で十分に微細片化が進行したことをうかがわせる」[16]ということです。

ですから、海洋のプラスチックごみ清掃はもちろん、

---

[15] “the Ocean Cleanup”：オランダの研究者 Boyan Slat が 2013 年に設立した NPO。2019 年現在 80 人のスタッフを擁し、太平洋の巨大ごみ集積帯 The Great Pacific Garbage Patch での回収を企画しています。

[16] 磯部篤彦「海洋における浮遊マイクロプラスチックの現存量と輸送について」月刊海洋 vol.49,No.12(2017 年)p629

海岸漂着ごみの清掃も、大きな効果があり、海岸美観の保持とコベネフィットだ！ということになります。

後記Ⅳ2(3)の海岸漂着物処理推進法の下、環境省の補助を得て自治体が海岸漂着物の処理を行っていますが、マイクロプラスチックの供給源を封じることにフォーカスして取り組みを強化するといいかも知れません。

九牛の一毛と言うなかれ！です。

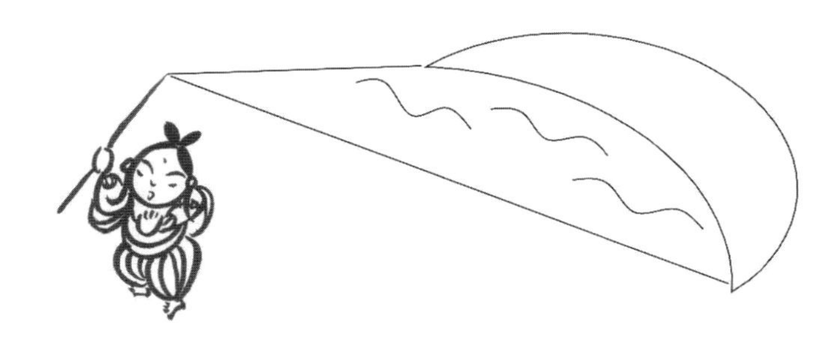

3．有害物質の搬送手段となるなら、それが本命じゃないか！

（1）先にも述べましたが、採取した海洋プラスチックを分析すれば、POPsや重金属等の有害物質が付着・吸着しています。もちろんそれだけでは、マイクロプラスチックが、こうした有害物質を付着・吸着して搬送する主要な役割を果たしているとは断言できません。

しかし、離島や遠隔地のペレットからも極端に高濃度の検出例がしばしば観測されていることは、マイクロプラスチックの関与を示唆するように見えます。[17]

そして、プラスチック摂取による生物への取込は、クジラ、ウミガメ、海鳥、魚、更に、動物プランクトン等の小生物についても、観測例、実験例があります。

有害物質が吸着されたプラスチックが生物に取り込まれることで、生物中に有害物質が吸収される直接の証拠まではないようですが、先のマリアナ海溝のエビの高濃度PCBのような無視しがたい報告があります。

（2）まてよ、PCBや重金属などの有害物質が、海域、海洋の魚類、その他の生物から検出、そういう研究・観測例は、既にたくさんあるんじゃないの？

確かに、かってPCBや重金属による環境汚染が顕在化し、世界各国で生物への蓄積調査も多数されています。

---

[17] 高田秀重「マイクロプラスチックによる水環境汚染と生態系への影響」水環境学会誌 Vol.40(A)No.10(2017年)pp344-348

日本でも、クジラのPCBについて、一般市場サンプルでは低いものの、外洋等で皮脂、肝臓に0.03～一部高いもので47ppm検出(2001年度調査)[18]といった事例があり、環境省でも、1972年以降（当時は環境庁)、環境中の化学物質の存在状況について本格的モニタリングを継続実施する中で、沿岸のイガイやスズキなど生物への有害物質の蓄積の有無についても調査を続けています。[19]

（３）こうした生物への蓄積は、私もかねてそう思っていたのですが、有害物質が水や底質を通して直接取り込まれ、あるいはプランクトンなど食物を介して摂取されると考えられていましたし、それを前提に、汚染が警戒レベルに達していないか、まずそこに調査の主眼が置かれてきました。

もちろん現在も、従来ルートによる生物影響の危険があり、その監視は重大です。

しかしそれだけでは、新たに疑われるようになったプラスチックの関与も視野に入れた、海洋における搬送ルートを割り出せるとはいかないようです。

（４）なお、PCBばかり言っているようですが、先のクジラの調査では水銀の分析もされています。また、化学物質

18「鯨由来食品のPCB・水銀の汚染実態調査結果」(厚生労働省食品保健部 2003.1.16 発表)。なお当時一般市場に流通している鯨食品の大半を占める南極ミンククジラの濃度は十分低いものでした。

19 環境省「化学物質環境実態調査 －化学物質と環境－」参照。

の生物モニタリングでは、DDT やクロルデンなど時々に応じた物質を対象にしています。ダイオキシンや、いわゆる環境ホルモンが問題となったときは、生物についても集中した分析調査がされています。

このように、当然、様々な有害物質に目配りする必要はあります。

しかし、水銀等の重金属の検出には、自然界に賦存するものが介在する可能性があります。

その点、PCB は、人工の化学物質で、難分解性、残留性、有害性の強い代表格ですから、まずは、これに着目すると、色々なことが見えてくるのではないか、というのは尤もなことだと思います。

（５）かくて、新しい視点に立って、この問題にフォーカスした調査研究の蓄積が強く期待されるところです。

環境省の海洋ごみに関する調査でも、マイクロプラスチックに着目した分析研究が始められています。

2017 年度調査では、海岸 12 地点、海上 8 地点で採集したマイクロプラスチックを分析、漂流中に吸着すると考えられる PCB の濃度は、次の表のとおりで、他の先進国で観測されるものと同程度、世界的傾向と一致としています。[20]

---

[20] 環境省「平成 28 年度海洋ごみ調査」。

採取地点	PCB濃度(マイクロプラスチック 1g 当たり)
内湾等	3.1～187.6 ng
離島・沖合	0.6～ 57.7 ng

【洋上おけるマイクロプラスチックの採集】

－網口の口径 75cm ×75cm　長さ 300cm

船舶により 2～3 ノットで曳航－

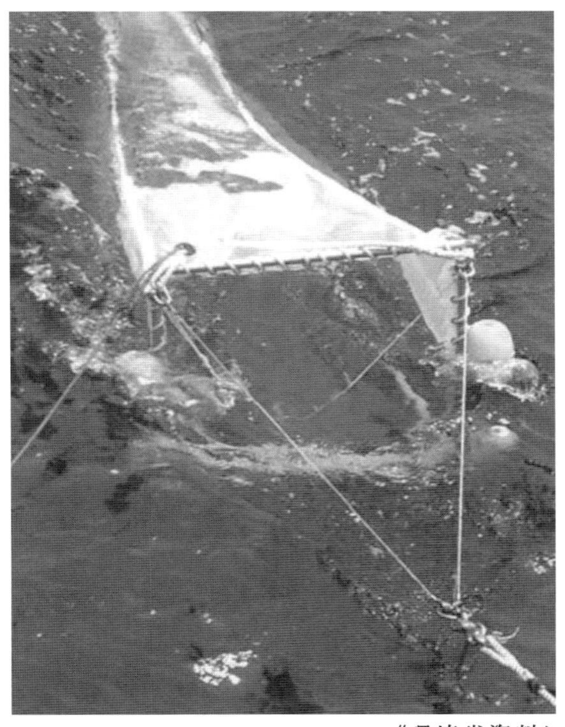

《環境省資料による》

なお、過去に製造された製品に難燃剤等として添加されていたと考えられるPBDE(ポリ臭化ジフェニルエーテル）が、沖合域で採取した漂流マイクロプラスチックの分析で、全ての地点で検出されています。

（5）この分析結果は、〝差し当たって危険というまでのレベルにはないようだが（だからこそ、early warning のため、監視していく意味は大きい)、しかし、検出例が重なることで、有害物質の搬送問題の解明が益々緊要になってきた〟と読んでもいいのではないでしょうか？[21]

いずれにしても、マイクロプラスチックが有害物質の搬送手段となる、つまり、マイクロプラスチックが有害物質を付着・吸着し、これを海域の生物が取り込み、食物連鎖を経て、高位動物に移行していく懸念があるのだとすれば、その空間的、時間的広がりや、影響の深刻さは、正に憂慮すべきものになるかも知れません。

幸か不幸か、その直接の証拠は、まだ、十分ではないようですが、これまでの環境汚染解明の経験に照らして、シロの方に賭けるのは、無謀に見えます。

安倍総理も後記Ⅵ3(1)に述べるように 2019 年 1 月 23 日のダボス会議で大きな懸念を示されています。

---

[21] 食品中に残留するPCBの規制(昭和 47 年厚生省環境衛生局長通知)では魚介類(遠洋沖合)0.5ppm、同(内海内湾)3ppm 以下としていますが、環境省の調査データは、単位を単純に揃えると 0.0031～0.01876、0.0006～0.0577ppm 相当となります。

4．日本の置かれた状況はどうなのか

（1）日本は、廃棄物の適正な処分、リサイクル等循環型社会づくりの両面で、遅れていないと思います。

狭隘な国土の中で、汚染の克服、最終処分場のひっ迫に迫られ、日本の廃棄物処分法制は、最も厳しい水準にあり、取り締まりも大変注力されています。

それでもなくならないのが、不法投棄ですが、次図を見ても、産業廃棄物の不法投棄の制圧努力は窺えます。

【産業廃棄物の不法投棄の状況(平成 29 年度)】

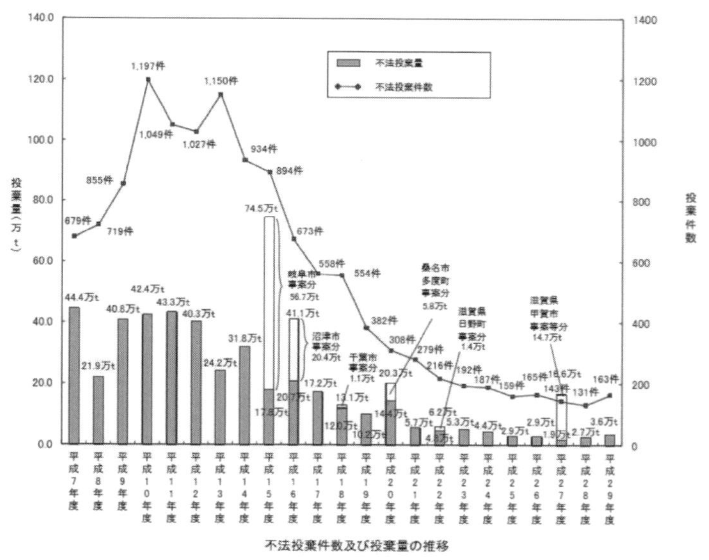

《環境省「産業廃棄物の不法投棄の状況(平成 29 年度)による》

（２）日本が本格的に循環型社会づくりの取り組み始めたエポックは、2000 年の循環型社会形成推進基本法の制定でしょう。

同法では、3R と言われる循環型社会の原則を明らかにするとともに、循環型社会形成推進基本計画を策定して、行方を照らすこととしています。

そして、この基本法に先立つ立法も含め、家電、自動車、食品、建設などの各分野におけるリサイクルのルールを定めたリサイクル関係法が、現在 7 つ制定されており、海洋プラスチックごみ問題とかかわりの深い、容器包装に関わるリサイクル法は 1995 年に制定されています。[22]

その結果、廃棄物の総量は、一般廃棄物、産業廃棄物ともに、2000 年前後をピークに徐々に減少傾向を辿っていますし、リサイクルの割合も、一定水準に達して、これを堅持しています（堅持ではいけないかもしれませんが…）。

もう少し詳しく見ると、ごみ（一般廃棄物）総排出量は 2000 年度頃をピークに減少し、近年 2010 年度頃以降は微減傾向にあります。リサイクル率は 20%程度で推移しています。

---

[22] 日本の循環型社会形成推進政策の主要点を巻末【参考資料２】に掲げさせていただきました。

【ごみ総排出量（一般廃棄物）と
１人１日当たりごみ排出量の推移】

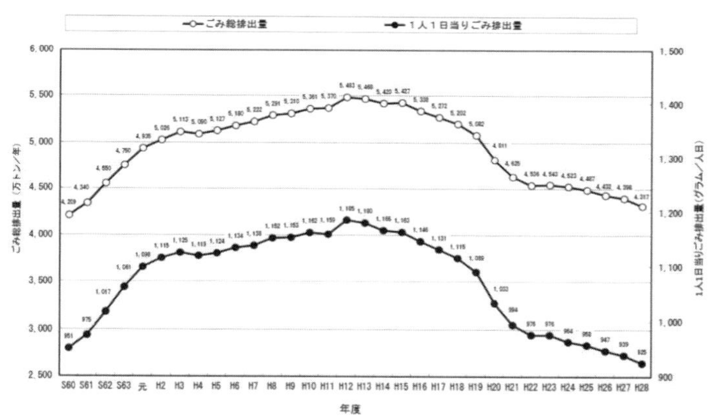

【（一般廃棄物）総資源化とリサイクル率の推移】

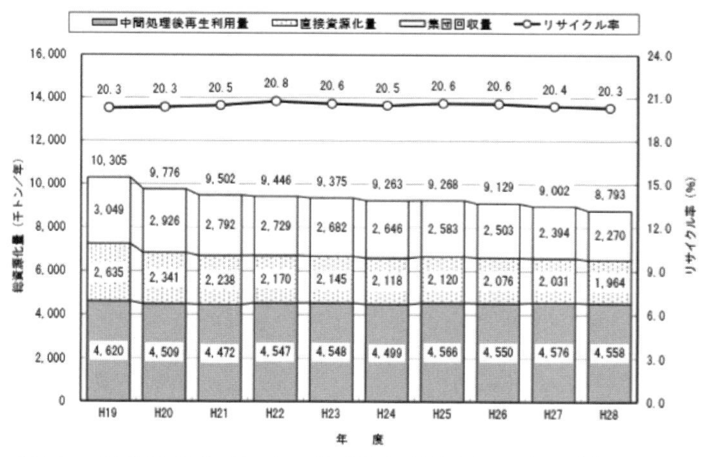

《以上二表は環境省「日本の廃棄物処理(平成 28 年度版)」による》

産業廃棄物発生量は、総量ではピークの 1996 年頃より低い水準で推移、また、2005 年頃まで再生利用量が増加し、最終処分量が減少してきており、近年は同水準で推移しています。

【産業廃棄物排出量の推移】

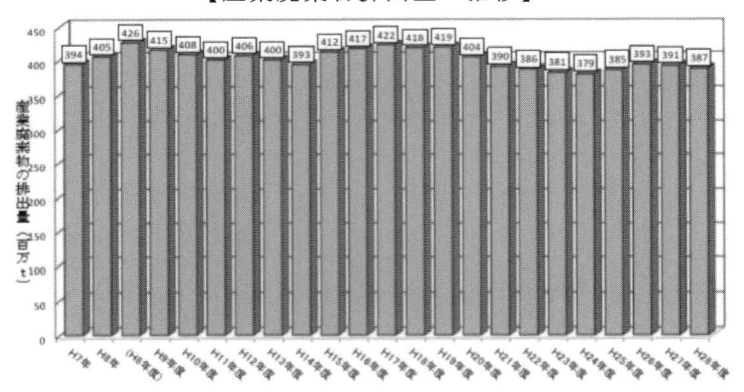

【産業廃棄物の再生利用量、減量化量、最終処分量】

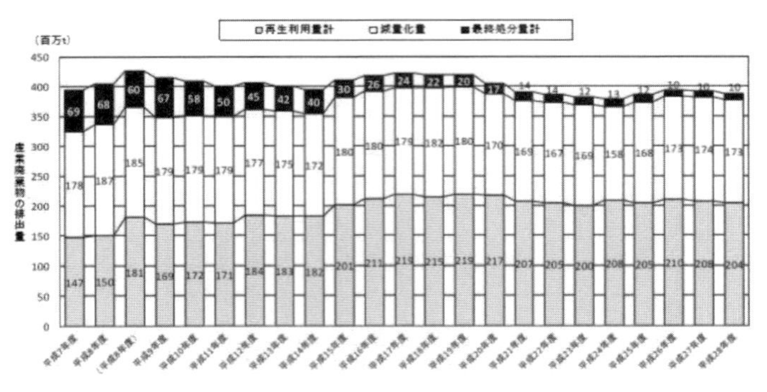

《以上二表は環境省「産業廃棄物の排出及び処理状況等（平成 28 年度実績）」による》

（３）これをプラスチック廃棄物で見ると、生産・消費量、廃棄量ともに、1997 年頃のピーク時からは減少した水準で推移、近年は横ばい微減傾向のようです。

【プラスチックの排出量】

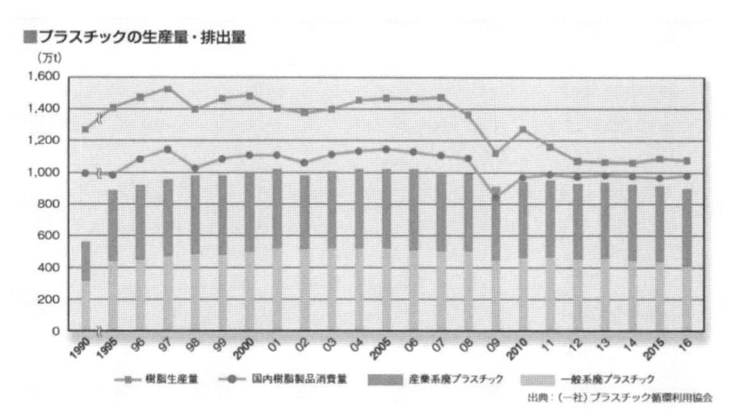

《「プラスチックリサイクルの基礎知識(2018 年) プラスチック循環利用協会による》

容器包装という切り口で見た再資源化率も、それなりの水準で取り組まれているように見えます。

【プラスチック容器包装（PET 以外）のリサイクル率】

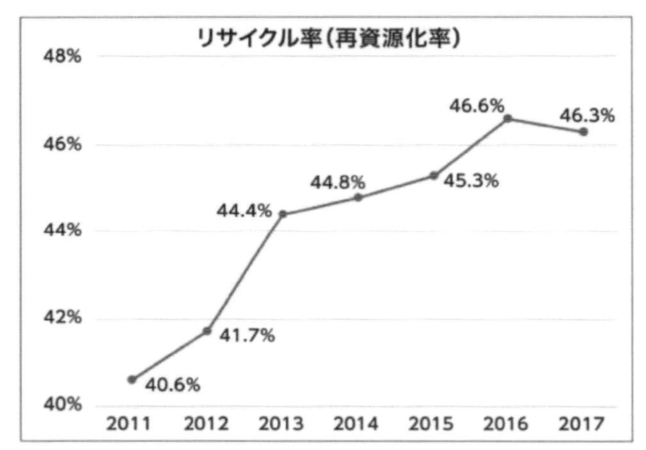

《「プラねっと 2018」プラスチック容器包装リサイクル推進協議会による》

【日米欧の PET ボトルリサイクル率の推移】

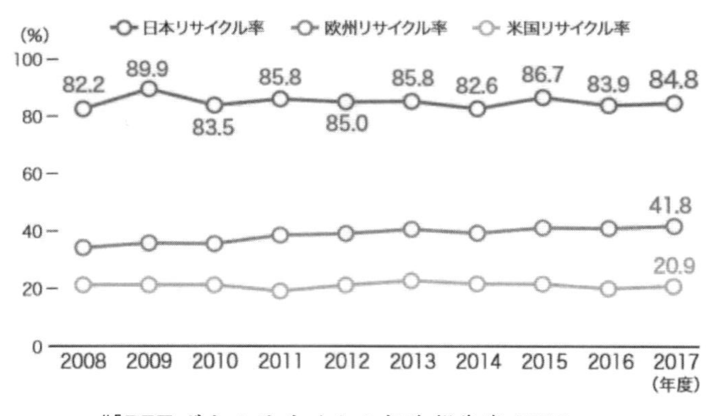

《「PET ボトルリサイクル年次報告書 2018」
PET ボトルリサイクル推進協議会による》

（４）「日本でのプラスチックフローの分析（2013 年）」は、次の表のとおりです。

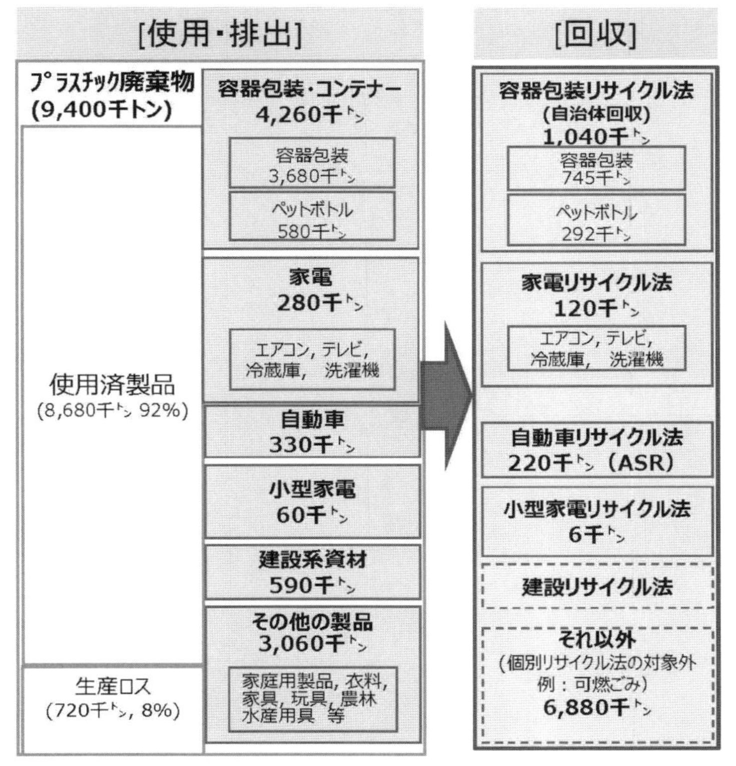

《マテリアルリサイクルによる天然資源消費量と環境負荷の削減に向けて（平成 28 年 5 月）環境省による》

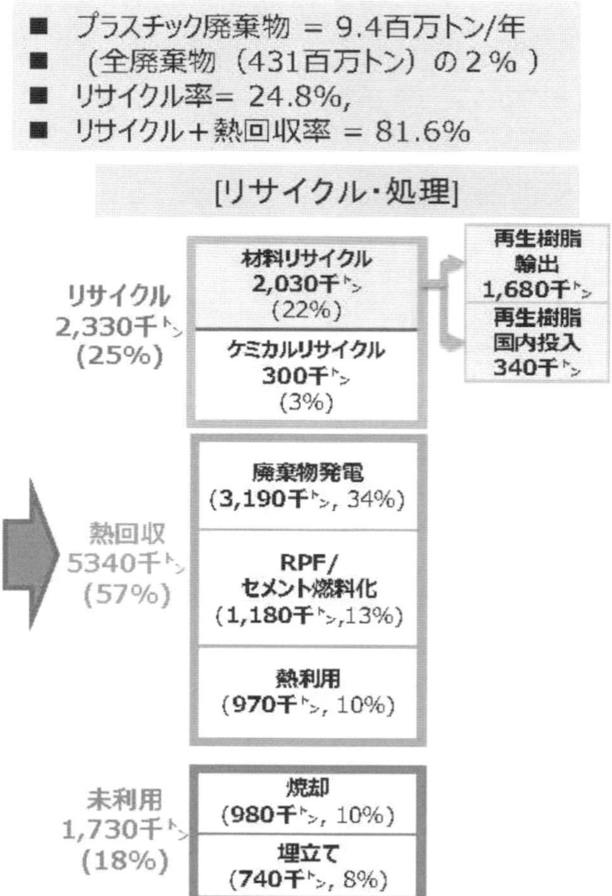

■ プラスチック廃棄物 = 9.4百万トン/年
■ （全廃棄物（431百万トン）の2％）
■ リサイクル率= 24.8%,
■ リサイクル＋熱回収率 = 81.6%

[リサイクル・処理]

リサイクル
2,330千トン
(25%)

材料リサイクル
2,030千トン
(22%)

ケミカルリサイクル
300千トン
(3%)

再生樹脂
輸出
1,680千トン

再生樹脂
国内投入
340千トン

熱回収
5340千トン
(57%)

廃棄物発電
(3,190千トン, 34%)

RPF/
セメント燃料化
(1,180千トン,13%)

熱利用
(970千トン, 10%)

未利用
1,730千トン
(18%)

焼却
(980千トン, 10%)

埋立て
(740千トン, 8%)

廃棄されるプラスチックのうち、再生利用も、熱回収も行われず、処分されるのは、18%となっています。

そのうち焼却が10%、埋立は8%ですが、日本の埋立処理で、外構工事や、覆土がずさんに行われることが、そうそうあるとも思えませんので、これらが確実に行われれば、リークはされていないことになります。

（5）とはいえ、海岸漂着ごみの調査では、日本起源の漂着ごみも多く確認されていますから、やはり、ポイ捨てなど海洋にリークするルートの存在を軽視できません。

【調査地点別の漂着ごみの国別比率（ペットボトル）】

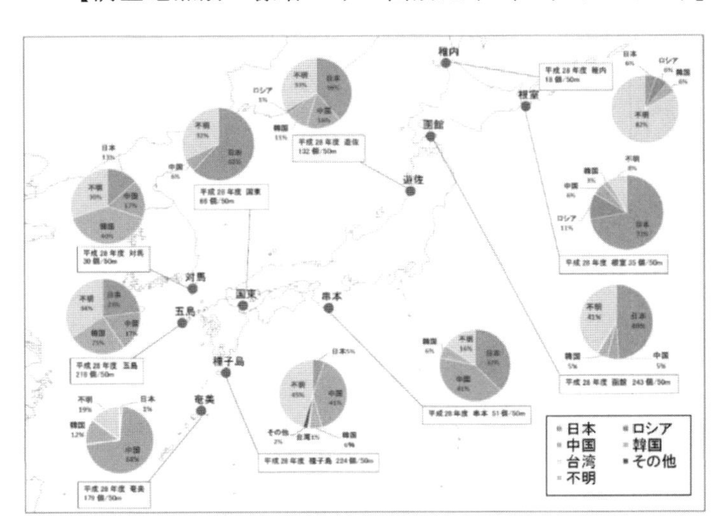

《環境省資料[23]による》

（６）更に、いろいろ言っても、中国や途上国で輸入禁止・規制へとが進むのが、自然の成り行きだとしたら、やはり、国内で完結する経済社会の仕組みを完成する必要があります。

それはそうですね、品格ある国作り、倫理の点でも推奨される進路選択であり、そもそも、廃棄物処理法で国内処理の原則を規定している。[24]国内法であるにも関わらずなんですよ…

先に見たように、リサイクル率では欧米に比して一日の長があるとしても、その循環過程に、中国等への輸出が組み込まれており、少なからぬ依存率がありましたから、これは迅速に解決していかなければなりません。

（７）日本のプラスチックくず輸出量を見ても、激変が起こっています。

---

[23] 環境省「平成 28 年度海洋ごみ調査」。

[24] 廃棄物の処理及び清掃に関する法律（昭和 45 年法律第 137 号）（国内の処理等の原則）

第二条の二　国内において生じた廃棄物は、なるべく国内において適正に処理されなければならない。(2 項略)

【日本のプラスチックくずの輸出量】

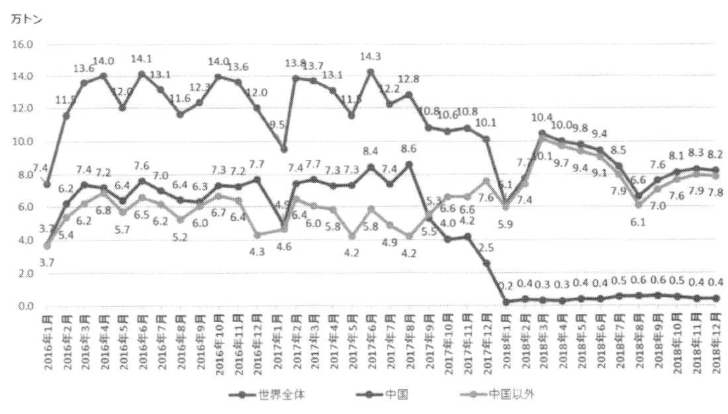

《環境省中環審プラスチック資源循環戦略小委員会資料による》

したがって、下図のような転換を急ぐ必要があり、そのための設備転換などに環境省でも支援が始められています。

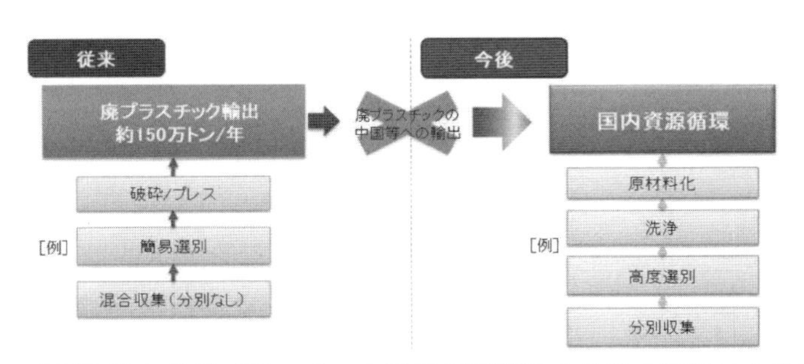

《環境省中環審プラスチック資源循環戦略小委員会資料による》

５．第三極の国際問題（イッシュー）になるかも～

（１）気候変動、生物多様性の二大イッシューは、環境分野における大きな国際的関心事となり、基本となる国際条約の下、様々な議定書や取り組みが発展し、世界中の国が集まる国際会議・協議の場が持たれてきました。

循環型社会形成は、これと同じくらい大きなイッシューであるにもかかわらず、具体的な課題・対策の多くがそれぞれの国内に留まることもあり、気候変動、生物多様性のような国際的取り組み対象の域には到達していません。がしかし、海洋ごみという関心事が出てきたことで、いよいよ、第三極の国際イッシューになるのではないでしょうか？

グローバル化した世界で、資源循環、循環経済の進化は、元来、各国自己完結して終わるものではなかったでしょうが、海洋プラスチック問題が提起され、海洋という国際関係そのもののような問題との懸け橋がかけられたことで、大きく舵を切ることになるかも知れません。

エネルギーの気候変動、バイオの生物多様性、物質の循環型社会の三極ということです。

（２）そうであれば、そこでどういうアプローチをするかは、しっかり考えていく必要があります。

イメージのため、前記２(１)の図を日本に引き寄せて、やったらいいことを書き込んだ一案を作ってみました。

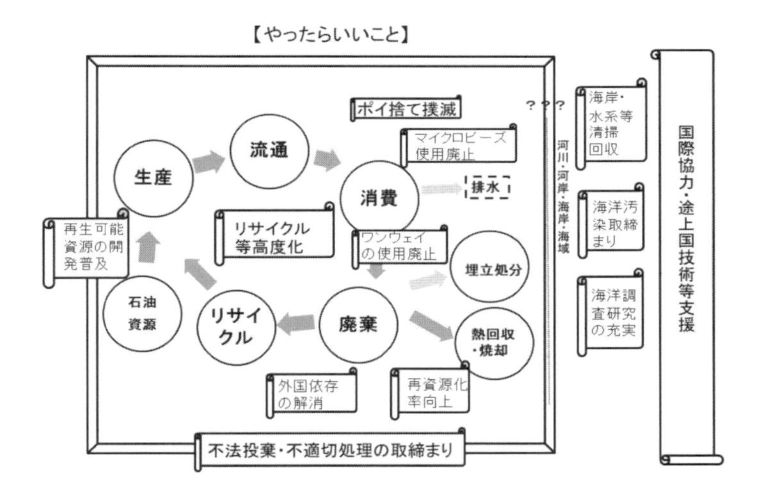

それぞれ“やったらいい”ということを、具体の政策・施策に生かす際に、規制から、自主取り組み、各レベルの運動から啓発に至る如何なる強度で実施したらよいかは、知見の進展、国際動向、日本の政策選択の中で、様々な組み合わせが考えられます。

（３）日本で、これをどれくらいの強度で考えるかは、私の考えでは、静脈側の発展が、将来どのくらい日本の経済を制すると考えるか、にかかっています。

私達は、産業革命以来、いかに安価・効率的に、地球資源を利用して、有用なエネルギー・財を生産、分配するかという動脈側の論理に依拠してきました。２千年紀を境に、生産過程や消費廃棄で発生する不要なエネルギ一・物質を、いかに安全、効果的に、再生資源にするか、処分して地球に返すか、が重大事となり、静脈側を無視できなくなりました。

〝動脈 vs 静脈〟の比重は、どんどん静脈側に傾いており、やがては、静脈側がなければ、つまり、捨てるところがなければ生産ができない時代が来るかも知れません。そのときに備えて、静脈側を発展させる、そのこと自体には、あまり異論はないと思います。

ところで、静脈側で、次の時代へのブレークスルーを図るには、動脈側で環境先端的なものを普及したような拡大再生産による自立発展方式は、その性質上一寸難しいうらみがあります。

そうすると、節目々々で、規制や社会の運動により、一段上の技術・システムに押し上げていく、いわば魚道を這い上るような取り組みが必要となります。

魚道では、一寸舌をかむのでカスケード方式とでも言うとすれば、海洋プラスチック問題への対応は、格好のカスケードとなるかも知れません。

（４）いずれにしても、精密な政策を考えるため必要な知見は膨大なものとなり、現状とかなりの乖離があります。

これを待っているだけでは、時間の切迫から、予防原則を前面に立てて、プラスチックフリーへ、国際思潮の急速な転舵が行われて、慌てることとなるかも知れません。

もともと、３Ｒの技術をもってリードし、循環型社会を形成することは、日本のアドバンテージのある分野ですから、世界各国がそちらに向かうなら、得たりと応じて、そのルール作りにしっかり関与し、貢献していったらいいのではないでしょうか。

これができるような備えを着々講じていくことが、no regret 後悔しない取り組み方ではないか、と思います。

私たちの知っている海ではなくなるのか？

メルヴィル『白鯨（モウビ・ディック）』

「三つの檣頭には…当番が置かれ、水夫らは…二時間ごとに交代する。熱帯のうららかな日に檣頭に立つのは、こよなく快いものだ。いや、夢みがちな黙想を好む者にとっては、歓ばしさの限りである。黙々と千尋の海を押しわたる船の上、甲板から百フィートの空中に立てば、檣頭は巨大な竹馬となり、はるか下の、おのが両脚のあいだを、いにしえの帆船がロードス島の名高い巨像のあいだを進んだときのように、この海に棲む最大の怪物が泳いでいるかと疑われる。このとき檣頭の身は、ただみる万里の波がしら、茫々たる大海の無限のつらなりのうちにわれを忘れる。船はうっとりと酔いどれのように波に身をまかせ、駘蕩たる貿易風の流れるところ、ものみなは故知れぬ懶さに人を誘う」[xi]

プラスチックを透かして見る海中に生き物の影はなく、クジラは絶えて見なくなったら、同じ海だろうか？

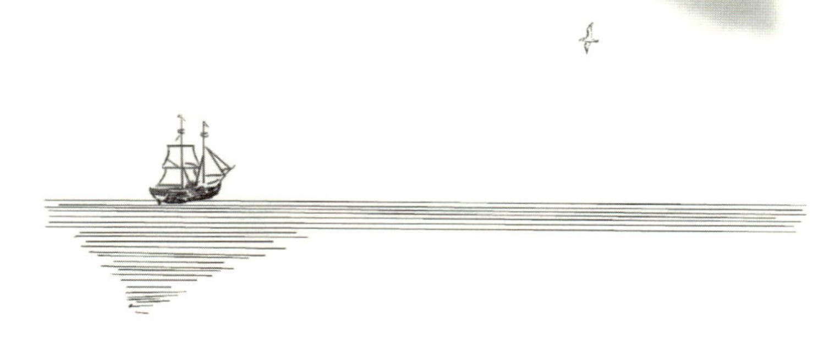

私たちの知らない海になるのか？

スタニスラフ・レム『ソラリス』

「結局のところ、この惑星ではどんなことでもあり得るのだから。原形質が作り出す様々な模様についての記述は、どんなに信じがたく思うものであっても、おそらく十中八九は真正なものである。…初めてそれを観察する者の肝をつぶすのは、まずその見たこともない異様な姿と巨大さである。…「山樹」「長物」「キノコラシキ」「擬態形成体」「対称体」「非対称体」「脊柱マガイ」「速物」と言った言葉は、ひどく人工的だが、不鮮明な写真と欠陥だらけの映画以外には何も見たことがない者にさえも、それなりのイメージを与えてくれる」[xii]

石油を掘り起こしては、大気中と海洋にぶちまけつくしてしまうのであれば、海の営みは私たちには、まったく理解不可能なものとなってしまうかも知れない。

Ⅳ 日本もやるぞ

1．政府の戦略は？

《プラスチック資源循環戦略とりまとめへー》

（1）プラスチック資源循環戦略について、環境大臣から中央環境審議会に諮問し、答申が出されています。

これは、「プラスチック資源循環戦略の在り方」について、中央環境審議会に諮問され(2018年7月13日)、同審議会では、循環型社会部会にプラスチック資源循環戦略小委員会（委員長：酒井伸一 京都大学環境安全保健機構附属環境科学センター教授）を設けて、パブリックコメント手続きも経ながら5回にわたる検討を経て、「プラスチック資源循環戦略（案）」を取りまとめ、2019年3月26日、原田義昭大臣に答申がされたものです。

更なる発展が期待されますが、まずは、この概成案「プラスチック資源循環戦略（案）」の内容を以下に見ていきたいと思います。[25]

《３Ｒじゃ足りない、４Ｒだ！》

（２）まず最初は、観点の追加です。

戦略案では、本問題に取り組む原則を、《３Ｒ＋Renewable》の４Ｒにして提起しています。

３Ｒは、言わずと知れた循環型社会の三原則（Reduce

---

[25] 巻末【参考資料１】に全文を収録させていただきました。

減量、Reuse 再使用、Recycle 再資源化）[26]です。十分に進化した循環型社会が形成され、3R が極限まで浸透していれば、景色は大きく変わったでしょうから、これは当然の基礎となります。

それに加えて、Renewable 再生可能が加わったのが、本問題の特質かも知れません。

〝プラスチックストローを紙ストローに！〟で象徴されるように、プラスチックの使用を、プラスチック以外の、紙や木材などの代替可能な再生材に置き換えるのが一つ、もう一つは、プラスチック素材の内でも、カーボンニュートラルであるバイオマスプラスチックを積極的に使用するといったように、再生可能を旗印にした取り組みが重視されることとなります。

---

[26] 循環型社会形成推進基本法(平成 12 年法律第 110 号)

（循環資源の循環的な利用及び処分）

第六条　循環資源については、その処分の量を減らすことにより環境への負荷を低減する必要があることにかんがみ、できる限り循環的な利用が行われなければならない。２項…略

（循環資源の循環的な利用及び処分の基本原則）

第七条　循環資源の循環的な利用及び処分に当たっては、…次に定めるところによることが環境への負荷の低減にとって必要であることが最大限に考慮されることによって、これらが行われなければならない。…

一　…再使用をすることができるものについては、再使用がされなければならない。

二　…再生利用をすることができるものについては、再生利用がされなければならない。三、四号…略

プラスチック再生材の市場拡大は、３Ｒの基本要素ですが、再生の旗印を支える大きな柱でもあります。

〝再生〟のキーワードを持ち込んだことで、一つには、脱石油への文明転換が示唆され、二つには、技術的ブレークスルー、市場のブレークスルーを追及する、地球温暖化対策にも表れた視座が拓けてきます。

《マイルストーンもある》

（３）骨格をなす取り組みには、マイルストーンを掲げていることも特記すべきでしょう。

戦略案で取り上げているマイルストーンは、次のようなものです。

2018 年のカナダの Ｇ７シャルルボア会合で「海洋プラスチック憲章」が提案されました（後記Ⅵ２（３）参照）が、そこに盛り込まれた目標と比較しても意欲的なものと言えます。

ちなみに、G7 提案の憲章では、

・　2030 年迄に 100％のリユース・リサイクル可能なデザインで生産
・　2030 年迄にプラスチック包装の少なくとも 55％をリサイクル・再使用
・　2030 年迄にプラスチック製品におけるリサイクル素材の使用を少なくとも 50％増加
・　2040 年迄に 100％熱回収

といったことを目標に掲げています。

《戦略案に掲げるマイルストーン》

①ワンウェイプラスチックの排出

→ 2030年迄に累積25%抑制

②プラスチック製容器包装・製品のデザイン

→ 2025年迄にリユース・リサイクル可能に

③容器包装のリサイクル・リユース率

→ 2030年迄に6割

④使用済みプラスチックの有効利用率

→ 2035年迄100%有効利用

⑤再生利用

→ 2030年迄に倍増

⑥バイオマスプラスチック利用

→ 2030年迄に約200万トン導入

《ワンウェイ容器包装・製品への対策集中》

（４）当面、様々な対策を集中する対象として、ワンウェイ容器包装・製品は象徴的です。

先に見てきたように、多くの企業がワンウェイの容器包装・製品等の削減に取り組んでおり、多くは、使用をやめる・減らすというリデュース面と、再生材、紙・バイオプラスチックに替える再生資源代替が掲げられています。

もちろん、消費者に共感・協働の輪が広がっていくことが不可欠で、その意味では、レジ袋の有料化義務化（無償配布禁止等）は、実利と啓発を兼ねた有力な手段といえます。

先に見たように、レジ袋禁止有料化に向かう国も多く、日本でも、かねてから自治体、企業で様々な取り組みが行われてきましたが、国レベルでの制度的対処に発展させる必要があるかも知れません。

《日本型サーキュラー・エコノミーの樹立》

（５）戦略案では、「効果的・効率的で持続可能なリサイクル」として、かねてから資源リサイクルで取り上げられてきた点を 360° 再提起しています

それは当然ですが、それだけでなく、海洋プラスチックの問題は、動脈側に匹敵する、静脈側の社会システム・産業が勃興する大きなチャンスを与えるのではないかとワクワクしています。

20世紀からこのかた、動脈側の科学技術、経済社会システムが発展する一方、静脈側は等閑視され、著しく立ち遅れています。私たちの文明が持続可能であるためには、いずれは、①資源・エネルギーで効率的に、できるだけ少なく使い、②使った資源・エネルギーを殆ど回収再利用し、③どうしても残る残滓のみを安全に処理する、ある意味での〝宇宙船地球号〟にならなければなりません。

そうだとすると、静脈側の不均衡は正されなければならないのですが、先にも申し上げたように、静脈側を興すには、動脈側の発展ロジック〔効果的な初期支援措置が起爆剤となれば、後は規模が拡大すれば拡大するほど市場優位になる〕とは合わない点があるので、何か大きな梃がいると思っていました。

海洋プラスチック問題を上手く捉えれば日本版サーキュラー・エコノミーへの道が拓けてくるのではないでしょうか。

この点、中国をはじめとする各国でのプラスチック廃棄物の輸入禁止・抑制措置は、大きな構造変革のきっかけを提供するかも知れません。

2．水際作戦（リークの防止）はやはり大きい

《ポイ捨てはそもそも犯罪！》

（１）とはいえ、日本では、廃棄物処理法等による取り締まりは、法的に、そして行政上、可能な極限まで進められています。

もちろん不法投棄撲滅が叶うほどの状況に至ったとは言えませんが、諸外国に比して取り締まりの成果は高い水準にある筈です。

このことは重要で、①プラスチック製品の排除と、②リユース・リサイクルの深度化と、③水際作戦、流出防止の施策のバランスを考えるのか、それとも、一気にプラスチックフリーに走ってしまうのか、よく検討する材料を与えてくれます。

とくに、これから使用量が増えると想定される途上国にとってモデルとなる施策は何か、国際的に十分な議論が必要だと思います。

《マイクロビーズ対策は、従来型環境汚染問題？》

（２）マイクロビーズは、これが製品として意図的に製造、混合され、生活排水などに混入して河川等を流下して海域に達することが問題なら、基本構造としては、従来型の重金属や富栄養化物質による汚染の問題と同じかも知れません。

ただ、下水道の終末処理施設等の排水過程で徹底除去する手法は、とても効果的とは思えませんから、製品段

階で禁止等の制限をするかどうか、となりますが…

そうすると、PCBのように有害性の面で突出しているのとか、マイクロプラスチック発生に占めるシェアがどれ程なのか等、施策効果のテストが必要となります。

もちろん、合成洗剤を使わない運動の様に、市民の意識が先行することもあります。

今のマイクロビーズを取り巻く状況を、どう判断すべきでしょうか。

加えて、微小性を問題にするなら、マイクロビーズ以外のプラスチックも、自然環境の中で、破砕、分断されて、つまり、次々補給されてくることとの関係で、効果的な施策か、ということにも答えなければなりません。

少なくとも、悔いのない施策 no regrettable policy として、洗い流しスクラブ製品の使用削減はやったらいいじゃないか！ということで、2020年迄という目の前の目標年が掲げられています。

《海岸漂着ごみの観点から、法律として先着》

（３）海岸漂着物処理推進法[27]は、各地で問題となった海岸漂着ごみについて、漂着物の処理と発生抑制を両輪とす

---

[27] 2009年に「美しく豊かな自然を保護するための海岸における良好な景観及び環境の保全に係る海岸漂着物等の処理等の推進に関する法律（平成21年法律第82号）」として制定され、2018年改正により、題名が「美しく豊かな自然を保護するための海岸における良好な景観及び環境並びに海洋環境の保全に係る海岸漂着物等の処理等の推進に関する法律」となりました。

る基本方針を示すとともに、対策に当たる関係者の相互協力、民間団体との連携、周辺諸国との国際協力を盛り込んだものでした。

2018 年の 6 月、議員立法で一部改正がされ、題名に「海洋環境の保全」が加えられるとともに、大規模な自然災害により海岸漂着物が大量に発生していること、海岸漂着物とともに、漂流ゴミ対策が必要との認識が示されました。

また、初めてマイクロプラスチックを取り上げ、その影響と処理困難性に鑑み、海岸漂着物等であるプラスチック類の円滑な処理、廃プラスチック類の排出の抑制・再生利用等による廃プラスチック類の減量その他その適正な処理が図られるよう配慮すること、事業者は、製品へのマイクロプラスチックの使用の抑制と、廃プラスチック類の排出抑制に努めることとされました。

海岸漂着物処理推進法（2009年制定）

1．狙い

←海岸漂着物が海岸の景観・環境に深刻な影響を及ぼしていることから、施策の全体像を明らかにする。

2．基本方針（2010年閣議決定）

- 海岸漂着物の処理と発生抑制が両輪
- 周辺国との間で国際的な協力を推進

3．主な施策

- 処理（処理責任、協力の求め方、外交上の対応）
- 発生抑制（発生状況・原因の調査、ゴミ捨て防止）
- 民間団体と連携、海岸漂着物対策推進会

2018年改正

1．題名改正等

題名：「海洋環境の保全」を加える。
目的：「海岸漂着物等が大規模な自然災害の場合に大量に発生してる」認識を加える。（1条）
施策の対象：「海岸漂着物」に「漂流ごみ等」を加える。（2条2項）

2．プラスチックへの言及

海岸漂着物対策：海域においてマイクロプラスチック（微細なプラスチック類をいう…）が海洋環境に深刻な影響を及ぼすおそれがあること及びその処理が困難であること等に鑑み、海岸漂着物等であるプラスチック類の円滑な処理及び廃プラスチック類の排出の抑制、再生利用等による廃プラスチック類の減量その他その適正な処理が図られるよう十分配慮。（6条2項）

事業者：マイクロプラスチックの海域への流出が抑制されるよう、通常の用法に従った使用の後に河川その他の公共の水域又は海域に排出される製品へのマイクロプラスチックの使用の抑制に努めるとともに、廃プラスチック類の排出が抑制されるよう努めなければならない。（11条の2）

３．できることはスグ始動！

（１）グリーン購入法は発動しないの？

2018年秋から環境省や農林省では、庁舎内でワンウェイプラスチック削減を宣言（会議でのプラスチックストロー等不使用、レジ袋自粛、庁舎内のコンビニ等への声掛け）、自治体でも同様の取り組みが広がっています。

それなら、グリーン購入法[28]で一気にやらないのか？

早速着手されました。

グリーン購入法の概要は、次のようなもので環境物品等調達の基本方針に取り上げることがポイントです。

グリーン購入法

1. 狙い

← 国の物品調達等に当たって、環境に配慮されたものを調達することとし、こうした物品への需要転換を促進する。

2. 環境物品等

← **環境負荷低減に資する①原材料・部品**（再生資源等）、**②製品**（①を利用、使用に際し温室効果ガスの発生が少ない、再利用・リサイクルが容易など廃棄物の発生を抑制）、**③役務**（②を用いる等）

3. 環境物品等調達の基本方針

環境大臣が、各省各庁の長と協議して、閣議で決定

特定調達品目（重点的に調達を推進すべき物品の種類）**とその判断基準、特定調達物品**（基準を満たすもの）を盛り込む。

4. 環境物品等の調達方針

各省各庁の長は、毎年度、特定調達物品の調達目標等を盛り込んだ調達方針を定める。

5. 地方公共団体の環境物品等の調達の推進

地方公共団体は、毎年度、環境物品等の調達推進を図る方針を定めるように努める。

---

[28] 国等による環境物品等の調達の推進等に関する法律（平成12年法律第100号）

基本方針の変更が 2019 年 2 月 8 日に閣議決定（4 月 1 日施行）され、判断基準にプラスチックに係る基準が概略次のように追加されました。

・コピー機、複合機及び拡張性のあるデジタルコピー
→　少なくとも部品の一つに再生プラスチック部品又は再使用プラスチック部品が使用されていること。
（　配慮事項においても〝少なくとも 25g を超える部品の一つに再生プラスチック部品又は再使用プラスチック部品が使用されていること〟を追加し、将来の基準への格上げを見据える。）
・食堂
→　食堂内における飲食物の提供に当たっては、ワンウエイのプラスチック製の容器等を使用しないこと。
・庁舎等において営業を行う小売業務
→　消費者のワンウェイのプラスチック製品及び容器包装の廃棄物の排出の抑制を促進するための独自の取組が行われていること。
ワンウェイのプラスチック製の買物袋を提供する場合は、提供するすべての買物袋に植物を原料とするプラスチックであって環境負荷低減効果が確認されたものが 25%以上使用されていること。
・会議運営
→　飲料を提供する場合は、ワンウェイのプラスチック製の製品及び容器包装を使用しないこと。

（２）次々と施策を展開しなくちゃ

プラスチック資源戦略案には、テクノロジーによるブレークスルーのチャンスとして「バイオプラスチック」の開発・代替品化がうたわれています。

石油から製造するものではない、バイオマス由来のエタノールや乳酸、ポリカーボネートなど様々なバイオ材料から製造が試みられています。

用途として、容器包装、食品包装、自動車部品に実用化、ナイロン系樹脂、ウレタンの代替へ、また、そもそも石油系のものと同じ分子構造なのでコスト次第というものもあります。

この他、かねて生分解性プラスチックとして開発されてきたものがあり、それぞれの特性、長短を踏まえていく必要があるでしょうが[xiii]、ノーノーペンギンに陥ることなく、様々な可能性に期待したいものです。

いずれにしても、低公害車、電気自動車で見たように、いわゆる〝環境に優しい〟製品の普及に常に立ちはだかる壁はあると思います。

つまり、技術の優秀性はもちろん必要ですが、用途の開発とロットを積み上げ、コストを下げて実用性の高いものに作りこむことが大事で、この両者は往々「鶏と卵」の関係になりますから、まずどこから動かしていくか、うまい取り組みが望まれます。[29]

---

[29]「鶏と卵」の関係をブレークスルーする呼吸については、西尾哲茂『この本は環境法の入門書のフリをしています』（信山社 2018年）pp99-101 参照。

更に注目すべきことは、バイオマスプラスチックへの転換は、地球温暖化対策でも有力な手段となっていることです。

このため、「地球温暖化対策計画」（2016年5月閣議決定）で、次のように目標を掲げて、バイオマスプラスチック類の普及をうたっています。

「地球温暖化対策計画」（平成28年5月閣議決定）抜粋

<table>
<tr><th rowspan="2">具体的な対策</th><th rowspan="2">各主体ごとの対策</th><th rowspan="2">国の施策</th><th rowspan="2">地方公共団体が実施することが期待される施策例</th><th colspan="4">対策評価指標及び対策効果</th></tr>
<tr><th colspan="2">対策評価指標</th><th colspan="2">排出削減見込量</th></tr>
<tr><td rowspan="4">バイオマスプラスチック類の普及</td><td rowspan="4">・民間事業者：
商品や包装に使用するプラスチックにバイオマスプラスチックを導入する

・消費者：
商品を購入する際、バイオマスプラスチックを使用した製品（認証を取得した商品）を優先的に選択する

・地方公共団体：
バイオマスプラスチックを域内に普及させる施策等を推進する</td><td rowspan="4">マテリアルリサイクルが困難等の理由で焼却せざるを得ないプラスチック製品について、バイオマスプラスチックの導入促進策を検討し、普及を推進・支援</td><td rowspan="4">・バイオマスプラスチックを域内に普及させる施策等を推進する

・また、自らが物品等を調達する際、バイオマスプラスチック製品を優先的に導入する</td><td colspan="2">バイオマスプラスチック国内出荷量（万t）</td><td colspan="2">（万t-CO2）</td></tr>
<tr><td>2013年度</td><td>7</td><td>2013年度</td><td>-</td></tr>
<tr><td>2020年度</td><td>79</td><td>2020年度</td><td>72</td></tr>
<tr><td>2030年度</td><td>197</td><td>2030年度</td><td>209</td></tr>
</table>

《中環審プラスチック循環資源戦略小委員会資料による》

（３）レジ袋対策も決め手があっていい。

レジ袋対策も、かねてから課題となり、企業の自主的取り組みや、地方公共団体の取り組みは、それなりに進展してきています。

・　都道府県・政令市などでは、40%が小売業者との協定締結によるレジ袋有料化を実施（2016.1.1 現在）。

・　日本スーパーマーケット協会によると、レジ袋削減の取り組み率は、94.9%（2017年）。

・　日本チェーンストア協会によると、呼びかけにより、レジ袋辞退率は、53.46%に達した（2019年3月）。

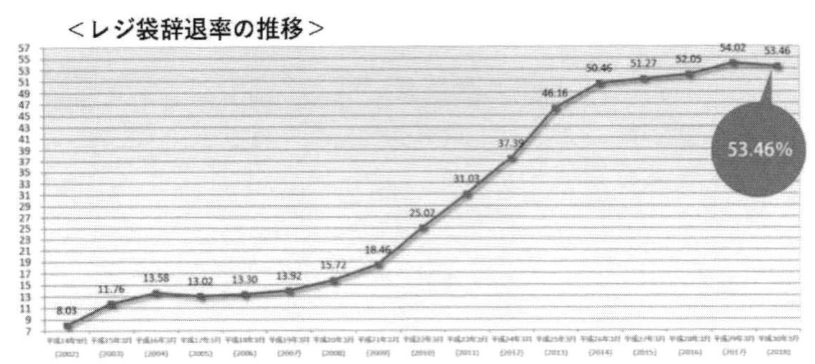

（出典）日本チェーンストア協会HP（https://www.jcsa.gr.jp/topics/environment/approach.html）より

《日本チェーンストア協会HP(https://www.jcsa.gr.jp/topics/environment/approach.html）による》

でもこれで止まっているのではねぇ～

レジ袋問題については、かねてから様々な取り組み、普及啓発が重ねられて、それなりに浸透が進んでいますし、諸外国でも規制が進む今、これだけでは、決め手を欠く感は否めないかもしれません。

2019年2月26日の大臣記者記者会見で、原田環境大臣は、中環審小委員会でのプラスチック循環戦略のとりまとめが進んでいることを受け、「私といたしましても、全国一律のレジ袋有料化義務化を進める決意を固めたところでございます。」と〝有料化義務化〟方向を明示しました。今後の具体化が望まれるところです。

（４）協働の輪を広げる「プラスチック・スマート」。

これだけ経済社会の隅々まで絡み合った問題ですから、国、地方公共団体という公施策主体だけでなく、事業者、NGO、市民に協力を求め、協働の態勢を作っていくことは当然でしょう。

環境省は、協働の輪を広げ、あらゆる主体が、それぞれの立場でできる取組を行い、プラスチックと賢く付き合っていく「プラスチック・スマート」キャンペーンを開始しています。

賛同する企業・団体を始め、海洋プラスチックごみ問題に関心のある多くの企業・団体の皆様の対話・交流を促進し、取組の拡大・活性化を支援するため「プラスチック・スマートフォーラム」も立ち上げています。[30]

（５）本問題については、経済団体でも、危機感と言っても良いような大きな関心がもたれています。

事業者団体における自主取り組みとしては、2006 年に「３Ｒ推進団体連絡会（容器包装リサイクル８団体で構成）」が「容器包装の３Ｒ推進のための自主行動計画」を策定し、プラスチック関連としては、2020 年 PET ボトルリサイクル率 85％以上、プラスチック容器包装 46％以上、この他リデュースのための軽量化などの目標を掲げて取り組んでいます。

経済団体連合会では、循環型社会形成推進に取り組む

30 環境省 HP に「プラスチック・スマート」のポータルサイトが立ち上げられています。

自主行動計画を策定して、産業廃棄物全体で、2020年度に2000年度実績比70%程度削減などの目標を掲げて取り組んでいましたが、2018年度から、この計画に、「業種別プラスチック関連目標」を新たに加えることとしたということです。

2018年度は、20業種が43のプラスチック関連目標を掲げ、今後充実していくとしています。[31]

（6）先に、Ⅱ4（3）に記したように、日本化粧品工業連合会ではマイクロビーズ使用の自主規制に取り組み始めました。

かつて、ベンゼン等有害物質の大気汚染が懸念されたときに、知見の不足もあって、大気汚染防止法では、モニタリング等を定めるに止まりましたが、事業者がそろって全国の工場で自主規制に踏み切り、9割以上の削減を実現して大きな効果を上げた経験があります。[32]

化学工業は、多数の化学品に関わる、多数の企業の、多数の工程と製品が、網の目のように連携構成されて成立しており、ましてや、プラスチックにおいてや、です。

ですから、事業者の積極的な取り組みと工夫、各段階色々な立場の事業者間の連携が大きな鍵となるでしょう

---

[31]経済団体連合会2019年4月16日発表ー 循環型社会形成自主行動計画2018年度フォローアップ調査結果および「業種別プラスチック関連目標」による。

[32] 大気汚染防止法の有害物質対策については、西尾哲茂『わか～る環境法』（信山社 増補改訂版2019年）p66 参照。

し、行政や様々な団体と協働もそうした事業者の取り組みの基礎があってこそ効果的になると思われます。

その意味で事業者の取り組みの進展が期待されます。

みんなでやろう！

Ⅴ　取り組みを募集したら、こんなスマートがあった！

1．発想の転換でCool　Choice！

（1）アサヒ飲料では、通販・宅配する飲料ペットボトルに、ラベルレスボトルを導入して減らす、分けるに貢献。

【ラベルレスボトル 天然水600ml(左)、同2L(右)、他に麦茶、乳酸菌飲料等にも導入を拡大】

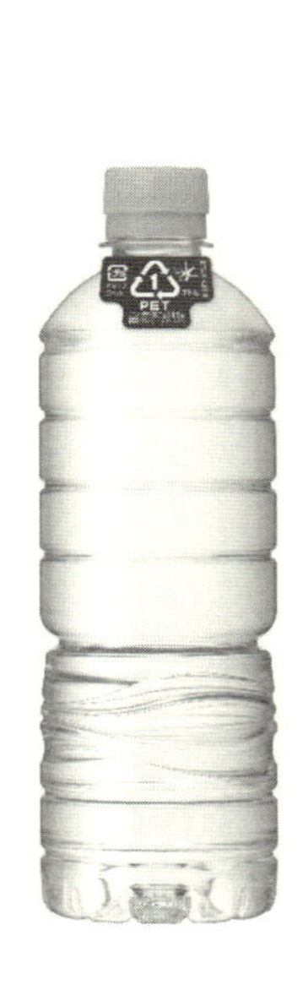
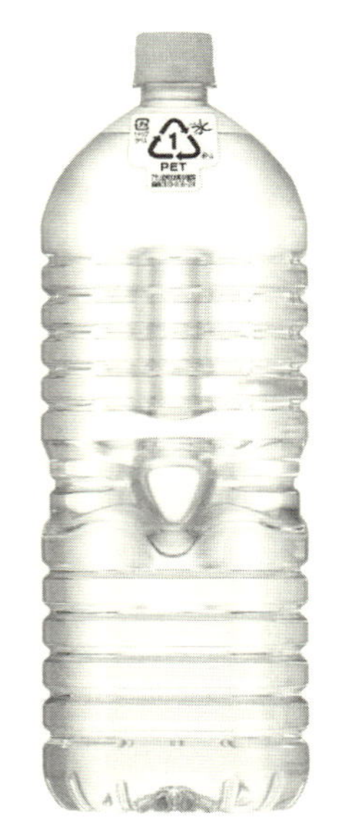

《アサヒ飲料株式会社提供》

見慣れないボトルですがロールラベルがありません。原材料名などの表示は段ボール箱に印刷、個別に必要なリサイクルマークなどはタックシールや蓋に表示してあります。

（２）考えてみれば、ネットで注文した人は、スマホや PC 上で情報確認ができますから、ボトルに書いていなくても大丈夫という発想の転換に驚きました。

これなら‘ラベルはがし’はいらないし、ラベルに使用する樹脂の量も大幅に削減できます。

（３）こうした取り組みは、企業自ら「全国の主婦のエコに関する意識調査」を行う地道な努力が背景にあることも、注目点です。

分別収集への意識の浸透の傍ら、分別に手間がかかる上位品目にペットボトルがあり、その原因の大きな部分が〝ラベルはがし〟だと突き止めたというのです。

宅配・通販品目ですから、併せて、「1回で受け取りませんか」キャンペーンのマークも記載し、Cool Choice の観点からの訴えかけも行っています。

2．〝LINE〟でシェアリングという時代の申し子

（1）スマホのアプリ〝LINE〟でシェアリングという時代の申し子みたいなスマートがありました。

LINE を使って 1 日 70 円で傘を借りられる「アイカサ」という傘のシェアリングシステムです。

誰でも覚えのある、俄雨に、どうしようか？

いいやと思ってずぶ濡れになったり、家に傘が何本も溜まったり、そして街に捨てられているのを見て眉を顰めたり…

ビニール傘は年間 8000 万本も使われている。

これを減らす、替えるというものです。

（2）起業した「株式会社 Nature Innovation Group」の経営陣は 20 台前半の若い人ばかりで、渋谷中心に 100 か所でシェアリング傘 1000 本でスタート、〝2025 年には日本では傘を借りるのが当たり前に〟を目指すとしています。

傘メーカーとユーザーだけではなく、傘を置くスポット提供者、傘への広告掲載者を組み込んだビジネスモデルです。

スマホ時代でないと考えられない取り組みですね。

こうした取り組みが次々成功して、環境保全型のビジネスの地平が広がっていくことを期待したいと思います。

V取り組みを募集したら、こんなスマートがあった！

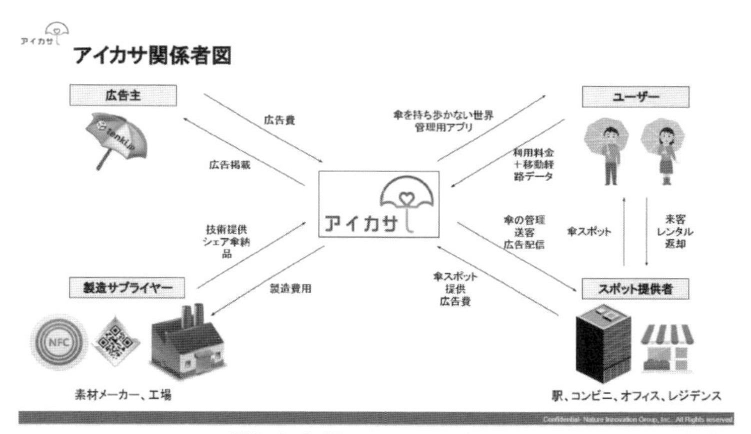

《株式会社 Nature Innovation Group 提供》

いいね！

3．ガチンコの技術開発も進む

（1）プラスチック・スマート応募プロジェクトじゃないけど、ガチンコの技術開発も紹介しましょう。

バイオプラスチックの原料となるリグノフェノールを木材から抽出・製造する研究プラントが2019年7月にも完成します。

これは、清水建設が、この研究で先行する藤井基礎設計事務所の技術を実用化すべく、神鋼環境ソリューション、神鋼商事と共同で、島根県隠岐の島町に建設中のもので、年間1トン程度を生産するということです。

本プラントで、経済的な製造技術を確立した上、2021年にも商用プラント建設に進むことを目指しています。

（2）木材の成分の90%は、セルロース、ヘミセルロース、リグニンの三大成分からなり、セルロース、ヘミセルロースは製紙材料となりますが、リグニンは、これらを接着する機能を果たすものの、必ずしも有効に利用されていませんでした。

本プラントは、リグニンを高分子のまま取り出す、つまり高品位のリグノフェノール製造技術で、新しい形でリグノフェノールが登場すると、

①フェノール系接着剤、塗料に活用

←　フェノール樹脂のバイオプラスチック化を図る。

②難燃化を図る高機能添加剤として使用

←　自動車内装、家電、OA機器の樹脂に添加する従来の難燃剤には臭素系などで有害性の懸念される

ものがある。

その他、様々な展開が、バイオ起源の材料で可能となるというものです。

（３）バイオプラスチックの開発普及に向けて、様々な原材料が挙がっていますが、木材は、トウモロコシやサトウキビのように、食糧資源とバッティングしませんし、間伐材や端材など、木材利用の面からも、有用な用途を切り開けるとすれば、素晴らしいことです。

【隠岐の島町の研究プラント】

《清水建設株式会社提供》

VI もちろん国際発信だ！

1．第三極を形成する軸なら、なおさらリードしたい。

（1）ことの性質上、グローバルな取り組みが不可欠。

海洋環境の保全には、グローバルな取り組みが必要であることは当然ですが、更に、プラスチックのサプライチェーンが全地球に稠密に張り巡らされていることからも、世界のすべての国の取り組みが必要でしょう。

環境をめぐる全世界的取り組みは、言うまでもなく、その一が気候変動（オゾン層保護も荒っぽく言えばその系とみて）、その二が生物多様性保全です。

循環型社会への取り組みは、その三になりそうでいて、各国それぞれの国内問題の側面も強く、そのため、気候変動枠組み条約とその傘下の議定書、生物多様性条約やその傘下の議定書のような体系ができていませんでした。

もちろん、国連海洋法条約があり、第 12 部に海洋環境の保護及び保全があり、傘下に多くの国際約束を擁するのですが、どちらかといえば各国の海洋支配に目が行きがちでした。

海洋プラスチック問題を契機として、循環型社会への歩みが global concern となるなら、将来第三極となる環境問題体系ができても不思議ではありません。

（2）日本の環境法の発展を概観して、今日、地球温暖化、生物多様性、循環型社会形成の三極に向かっていることを図示したのが、次です。[33]

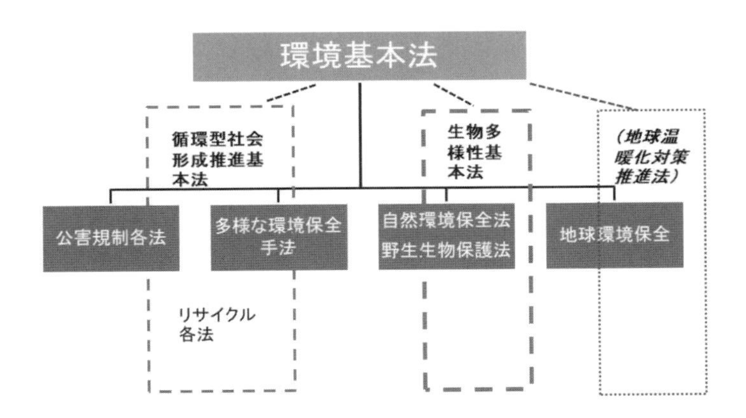

かたや国際環境法の概況について図示すると次の通りです。日本では地球温暖化については、多くの立法がされているが基本法はない、国際環境法では、気候変動、生物多様性に基本となる条約ができていますが、循環型社会の傘となる条約(umbrella treaty)が現状では存しないと言えます。

33 前掲 西尾哲茂『わか〜る環境法』p8 参照

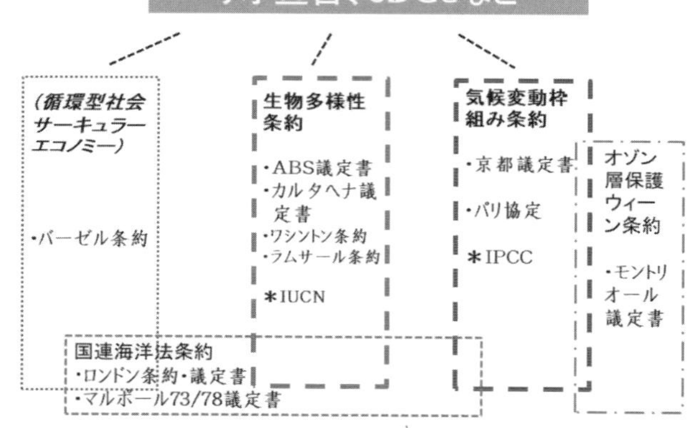

（２）これは、各国の利害にとっても重要です。

気候変動がエネルギーを制し、生物多様性がバイオを制するなら、循環型社会形成は、物質・マテリアルを制することとなる筈です。

身もふたもない言い方で恐縮ですが、捨て場がなくなれば生産はできない、静脈経済を制することが動脈経済も制するということで、決定的に重要となるかもしれません。

その時代の入り口に立って、狭い国土でやりくりして大きな経済活動をしてきた日本は、人類に貢献する良いチャンスを頂いたかも知れません。

2．国際的な助走はできているが～

（１）国連の「持続可能な開発目標（SDGs）」(2015.9)では、2025年迄に、海洋ゴミ…を含む、あらゆる種類の海洋汚染を防止し、大幅に削減する」ことが掲げられていますし、国連環境総会(2017年12月)では、プラスチックにフォーカスして、「海洋プラスチックごみ及びマイクロプラスチックに関する決議」がされ、本問題を精査するための専門家グループ会合の招集が決まりました。

（２）G７では、伊勢志摩サミット(2016年6月)で、海洋ごみ、特にプラスチックの発生抑制及び削減が首脳宣言に取り上げられています。

G20でも、ハンブルグサミット(2017年7月)で、海洋ごみが首脳宣言で取り上げられました。

（３）国連海洋会議(2017年6月）では、全会一致の〝行動呼びかけ〟に「ビニール袋や使い捨てプラスチック製品をはじめ、プラスチックとマイクロプラスチック の利用を減らすための長期的かつ本格的な戦略を実施する。生産、販売、消費の各段階で関係者と協力する」ことがうたわれました。

G7カナダシャルルボアサミット(2018年6月)では、カナダ、フランス、ドイツ、イタリア、英国、EU首脳が「海洋プラスチック憲章」にコミット。これは、プラスチック包装リサイクルのマイルストーンを始め、教育、研究、沿岸行動にわたる取り組みを盛り込んだものです。

また、英国が主導して、マイクロビーズの禁止などを盛り込んだ Commonwealth Clean Oceans Alliance が 2018 年 4 月に発表されるなど、複数国の協働の動きも出てきます。

（４）具体的な国際条約強化の動きも始まりました。

2019 年 4 月 29 日から 5 月 10 日までジュネーブで開かれていたバーゼル条約の締約国会議で、汚れたプラスチックを規制の対象に加えることが決まりました。

バーゼル条約[34]の概要は次の通りです。

バーゼル条約

1．経緯

1989年3月　条文採択。
1992年5月 5日発効
日本は、1993年9月17日に加入書寄託し、同12月16日に発効。

2．条約の主な内容

（1）条約所定の**有害廃棄物等の輸出は、輸入国の書面による同意**を要す。
（2）**非締約国との廃棄物の輸出入は原則禁止。**
（3）国境を越える廃棄物の移動は、**移動書類の添付**を要する。
（4）廃棄物の国境を越える移動が輸出者・発生者による**不法取引となる場合は、輸出国は、当該廃棄物の引取等の措置**をとる。
（5）締約国は、開発途上国に技術上その他の国際協力を行う。

3．締約国数　181か国とEU、パレスチナ（2015年5月現在）

---

[34] 有害廃棄物の国境を越える移動及びその処分の規制に関するバーゼル条約（Basel Convention on the Control of Transboundary Movements of Hazardous Wastes and Their Disposal）

この条約は、先進国の有害廃棄物がアフリカ等の途上国で捨てられて大きな問題となったことを契機とするものですが、今般、ノルウェー、日本などの提案で、汚れたプラスチックが規制対象に加えられ、2021年から、条約の対象となるプラスチックの輸出には相手国の同意が必要となります。

とにかく、廃プラスチック問題で初めての国際法樹立は喜ばしいことです。

バーゼル条約を担保する国内法[35]は既にありますから、今後、規制実施のための命令等が定められていくこととなるでしょう。

協調も始まって…

[35] 「特定有害廃棄物等の輸出入等の規制に関する法律(平成4年法律第108号)」と外為法により担保されています。

3．いよいよ日本はどうする？

（1）政府も、この問題に積極的に取り組む姿勢を見せています。

安倍総理は、世界経済フォーラム（ダボス会議）の基調講演（2019年1月23日）で、「太平洋の、最も深いところ。そんな場所で今、あるとんでもないことが進行中です。太平洋の、底。そこにいる小さな甲殻類の体内から、PCBが高い濃度で見つかりました。原因を、マイクロプラスチックに求める向きがあります。私はやはり大阪で、海に流れ込むプラスチックを増やしてはいけない、減らすんだというその決意において、世界中挙げての努力が必要であるという点に、共通の認識を作りたいものだと思っています。経済活動を制約する必要などなく、ここでも求められているのはイノベーションなのです。そのため大阪でジャンプスタートを切って、世界全体の行動へ向かっていきましょう。」と述べています。

この大阪というのは、2019年6月に大阪で開かれるG20サミットのことです。

（2）また、今年の総理施政方針演説（2019年1月28日）で、「プラスチックによる海洋汚染が、生態系への大きな脅威となっています。美しい海を次の世代に引き渡していくため、新たな汚染を生み出さない世界の実現を目指し、ごみの適切な回収・処分、海で分解される新素材の開発など、世界の国々と共に、海洋プラスチックごみ対策に取り組んでまいります。」と述べ、政府の公式の方針としています。

（３）先だって環境大臣レベルでは、G7ハリファックス環境・海洋・エネルギー大臣会合（2018年９月）議長総括では、「海洋プラスチックごみに対処するためのG7イノベーションチャレンジ」を開始することに合意、これは本問題の解決には、研究とイノベーションが根幹であるとして、次のような訴えをするものです。

【海洋プラスチックごみに対処するためのG7イノベーションチャレンジ（主要部分・仮訳）】
本チャレンジの目的は、革新的な社会又は技術の解決策の開発にインセンティブを与え、プラスチックの廃棄管理を改善する革新的な方法を見つけること等を通して、資源効率性を高め、海洋プラスチックごみを削減することであり、イノベーションの促進のための具体的な目標には、以下の点が含まれる。
①製品設計・廃棄物防止
・未リサイクル製品の資源効率性、耐久性、再利用性とリサイクル可能性を高める製品開発と管理プロセスの開発 ・市場創出のためリサイクルされた再生材を製品に組込むプロセスの開発 ・使用中に摩耗及び破損することによって非意図的に放出されるマイクロプラスチックを可能な限り設計によって削減する解決法の開発 その他、代替品の開発・使用、生産プロセスの改善

②廃棄物・廃水管理及びクリーンアップ
・費用対効果が高く、移転可能な方法による廃棄物管理の主要流出国支援 ・プラスチック廃棄物の収集、リサイクル及び処理における新技術及びインフラ開発 ・使い捨てプラスチックの収集、リサイクル及び回収を改善する技術の促進 ・混合プラスチックのリサイクル技術の開発及び既存技術の改善 ・漁業及び船舶からの海洋へのプラスチック流入の防止等の措置の強化 その他、離島に適した廃棄物管理技術、水路や海岸線の浄化技術の開発等
③市場、教育、普及啓発
・廃プラスチック及び再生プラスチックの新市場を産むビジネスモデルとアプローチ方法の開発 ・バリューチェーンに沿った革新的なパートナーシップの構築 ・海洋ごみ及びマイクロプラスチックの正確な量と分布、環境影響、人への健康影響を把握する方法論の開発及び共有 その他、管理改善のための官民連携の構築や地域密着型の解決策の支援等
実施メカニズム
官民連携、G7各国内の枠組み、世界銀行などの多国籍組織の信託基金及び民間組織など第三者組織の懸賞コンテスト等により実施する。

【環境省中環審プラスチック資源循環小委員会資料による】

（４）アジアに向けた呼びかけにも力を入れています。

2018年11月シンガポールでASEAN首脳会議が開かれ、安倍総理が「ASEAN+3海洋プラスチックごみ協力アクション・イニシアティブ」を提唱しました。

ASEAN+3海洋プラスチックごみ協力 アクション・イニシアティブ
1.3R及び廃棄物処理の推進
・廃棄物処理システムの能力開発 ・アジア太平洋3R推進フォーラム等による知見の共有
2.海洋ごみに関する意識啓発、研究の推進
・自治体や企業、市民の意識啓発 ・調和化された手法の導入を含む海洋ごみモニタリング能力の強化 ・海洋ごみの分布の科学的知見の収集 ・各国政府の活動、研究開発等に関する知見の共有
3.地域・国際協力の強化
・ナレッジハブの創設 ・ASEAN諸国の国別行動計画の策定支援

2019年3月5日には‘海洋ごみに関するASEAN特別閣僚会議’がバンコクで開かれ、日本から、このイニシアティブに基づく支援が表明されました。

6月タイで開かれるASEAN首脳会議での積極的な取り組みにつながることが期待されます。

（５）また 2019 年 3 月 11 日～15 日、「第４回国連環境総会（UNEA4)」が国連環境計画 UNEP が置かれているケニア・ナイロビで開催されました。

160 ヶ国を超える国の代表が参加し、閣僚宣言「環境課題と持続可能な消費と生産のための革新的な解決策」が採択されました。プラスチックについては、低炭素経済、循環経済、生物多様性等の諸課題と並んで、〝2030 年までに使い捨てプラスチック製品を大幅に削減することを含む、プラスチック製品の持続不可能な使用と処分によって引き起こされる生態系への被害に取り組むとともに、適正な価格で環境に優しい代替品を見つけるために、民間部門と協働〟することが掲げられました。

この部分は、米国は不参加となっています。しょうがないですね。

また、日本も原案提案に加わり「海洋プラスチックごみ及びマイクロプラスチック」に関する決議がされました。

そこでは、

① 既存の機関を活用した新たな科学技術助言メカニズム等による科学的基盤の強化

② 多様な主体による行動強化のためのマルチステークホルダープラットフォームの新設

③ 国際的な取組の進捗レビュー及び対策オプションの分析を２年後の UNEA5 に向けて公開特別専門家会合で実施

が盛り込まれています。

次に向けての発射台がだんだん用意されてきたように思います。

☆世界中の人と認識を共有し、

☆日本はどう取り組むのか、

☆各国とどのように手を携えていくのか、

大いに議論が進んで取り組みの輪が広がる、もう、そんな時期に来ているような気がします。

発射台はできた！

４．「2019 年 6 月大阪」が合言葉！

（１）2018 年 G7 シャルルボアサミットを始めとする国際会議で、安倍総理は「日本が議長を務める 2019 年の G20 サミットで本問題を取り上げる」旨を再三表明しています。

また、中川雅治前環境大臣もＧ７環境等大臣会合等の機会に、次を表明しています。

・　来年の G20 日本開催では、G7 各国が結束し、G20 の枠組みで実効性のある取組を議論する。
・　日本は、海洋プラスチック憲章の内容を取り込み、またそれを上回るよう、来年(2019 年)6 月の G20 までに「プラスチック資源循環戦略」を策定する。

（２）G20 サミット首脳会議は、2019 年 6 月 28、29 日（大阪国際見本市会場）で開催。

それに先立つ関係閣僚会議(持続可能な成長のためのエネルギー転換と地球環境に関する関係閣僚会合）は、2019 年 6 月 15、16 日（長野県軽井沢町）で開催されます。

政府は、当然千載一遇の国際発信の機会と思って、積極的に取り組むでしょう。

海洋プラスチック問題の、そして先に申し上げたような循環型社会を目指す第三極の壮大な施策体系の幕開けに向けてのスタートとなるか、大いに関心をもって見たい、これが courteous 公式的な期待です。

そして、本当のところ、これは面白いです。1992年のリオの国連地球環境サミットに向かう星雲状態のときを思い返せば、これから誰が何をやって、何を訴えて、大きな社会思潮となっていくのか？

だれでも参加でき、なんでも発信ができる、ワクワクとして来ませんか？

それが大阪の合言葉になれば、嬉しいな！！

ワクワク豊穣

【参考資料１】プラスチック資源循環戦略

プラスチック資源循環戦略の在り方について

～プラスチック資源循環戦略（案）～

（答申）

平成 31 年3月 26 日　中央環境審議会

1.はじめに -背景・ねらい -

○近年、プラスチックほど、短期間で経済社会に浸透し、我々の生活に利便性と恩恵をもたらした素材は多くありません。また、プラスチックはその機能の高度化を通じて食品ロスの削減やエネルギー効率の改善等に寄与し、例えば、我が国の産業界もその技術開発等に率先して取り組むなど、こうした社会的課題の解決に貢献してきました。

○一方で、金属等の他素材と比べて有効利用される割合は、我が国では一定の水準に達しているものの、世界全体では未だ低く[1]、また、不適正な処理のため世界全体で年間数百万トンを超える陸上から海洋へのプラスチックごみの流出があると推計され、このままでは 2050 年までに魚の重量を上回るプラスチックが海洋環境に流出することが予測される[2]など、地球規模での環境汚染が懸念さ

[1]「Single-use plastics: A roadmap for Sustainability」（国連環境計画、2018 年）によれば、世界全体のプラスチック容器包装のリサイクル率は 14%、熱回収を含めた焼却率は 14%とされており、有効利用される割合は 14～28%となる。

[2]「THE NEW PLASTICS ECONOMY RETHINKING THE FUTURE OF PLASTICS」（エレン・マッカーサー財団、2016 年）。このほか、このままでは国際的な石油消費量や温室効果ガス排出量に占めるプラスチックの割合が大きく高まることも予測。

れています。

○こうした地球規模での資源・廃棄物制約や海洋プラスチック問題への対応は、ＳＤＧｓ(持続可能な開発のための 2030 アジェンダ）でも求められているところであり、世界全体の取組として、プラスチック廃棄物のリデュース、リユース、徹底回収、リサイクル、熱回収、適正処理等を行うためのプラスチック資源循環体制を早期に構築するとともに、海洋プラスチックごみによる汚染の防止を、実効的に進めることが必要です。

○我が国は、循環型社会形成推進基本法に規定する基本原則[3]を踏ま

---

[3]循環型社会形成推進基本法に基本原則として規定されている第３条～第７条の一部を抜粋すると以下のとおり。

○循環型社会形成推進基本法（平成 12 年法律第 110 号）

（原材料、製品等が廃棄物等となることの抑制）

第５条 原材料、製品等については、これが循環資源となった場合におけるその循環的な利用又は処分に伴う環境への負荷ができる限り低減される必要があることにかんがみ、原材料にあっては効率的に利用されること、製品にあってはなるべく長期間使用されること等により、廃棄物等となることができるだ け抑制されなければならない。

（循環資源の循環的な利用及び処分の基本原則）

第７条 循環資源の循環的な利用及び処分に当たっては、技術的及び経済的に可能な範囲で、かつ、次に 定めるところによることが環境への負荷の低減にとって必要であることが最大限に考慮されることによって、これらが行われなければならない。この場合において、次に定めるところによらないことが環境への負荷の低減にとって有効であると認められるときはこれによらないことが考慮されなければならない。

一 循環資源の全部又は一部のうち、再使用をすることができるものについては、再使用がされなければならない。

二 循環資源の全部又は一部のうち、前号の規定による再使用がされないものであって再生利用をすることができるものについては、再生利用がされなければならない。

三 循環資源の全部又は一部のうち、第一号の規定による再使用及び前号の

え、これまでプラスチックの３Ｒや適正処理を率先して進めてきました。この結果、容器包装等のリデュースを通じたプラスチック排出量の削減、廃プラスチックのリサイクル率 27.8%と熱回収率 58.0%を合わせて 85.8%の有効利用率[4]、陸上から海洋へ流出するプラスチックの抑制が図られてきました。

○一方で、ワンウェイ[5]の容器包装廃棄量（一人当たり）が世界で二番目に多いと指摘されていること[6]、未利用の廃プラスチックが一定程度あること[7]、アジア各国による輸入規制が拡大しておりこれまで以上に国内資源循環が求められていること[8]を踏まえれば、これまでの取組をベースにプラスチックの３Ｒ（リデュース、リユース、リサイクル）を一層推進することが不可欠です。

○また、我が国は、これまで３Ｒイニシアティブやアジア太平洋３Ｒ推進フォーラムをはじめ、世界の資源循環の取組を牽引してきまし

規定による再生利用がされないものであって熱回収をすることができるものについては、熱回収がされなければならない。

四　循環資源の全部又は一部のうち、前三号の規定による循環的な利用が行われないものについては、処分されなければならない。

[4]「プラスチック製品の生産・廃棄・再資源化・処理処分の状況 2017 年」（一般社団法人プラスチック循環利用協会）によれば、マテリアルリサイクル 23.4%、ケミカルリサイクル 4.4%、エネルギー回収 58.0%で、有効利用率としては 85.8%。

5ワンウェイとは、通常一度使用した後にその役目を終えることをいう。

[6]「Single-use plastics: A roadmap for sustainability」（国連環境計画、2018 年）

[7]未利用廃プラは 2017 年で 128 万トン(14%)に上り、その内訳は単純焼却 76 万トン(8%)、埋立 52 万トン(6%)となっている。

[8] 財務省貿易統計によれば、我が国からの廃プラスチック（プラスチックくず）の輸出量は 2016 年で 153 万トン、2017 年で 143 万トン、2018 年で 101 万トン。

た。国内対策を推進することはもとより、こうして積み重ねてきた実績・経験を生かし、2019 年６月に我が国で開催するＧ２０等の機会を通じ、我が国発の技術・イノベーション、ソフト・ハードの環境インフラを積極的に海外展開し、世界全体の海洋プラスチック流出の実効的な削減と３Ｒ・適正処理の推進に最大限貢献することが求められます。

○このため、第四次循環型社会形成推進基本計画（2018 年６月 19 日閣議決定）に基づき、資源・廃棄物制約、海洋ごみ対策、地球温暖化対策等の幅広い課題に対応しながら、アジア各国による廃棄物の禁輸措置に対応した国内資源循環体制を構築しつつ、持続可能な社会を実現し、次世代に豊かな環境を引き継いでいくため、再生不可能な資源への依存度を減らし、再生可能資源に置き換えるとともに、経済性及び技術的可能性を考慮しつつ、使用された資源を徹底的に回収し、何度も循環利用することを旨として、プラスチックの資源循環を総合的に推進するための戦略を策定し、これに基づく施策を国として推進していきます。

○本戦略の展開を通じて、国内でプラスチックを巡る資源・環境両面の課題を解決するとともに、日本モデルとして我が国の技術・イノベーション、環境インフラを世界全体に広げ、地球規模の資源・廃棄物制約と海洋プラスチック問題解決に貢献し、資源循環関連産業の発展を通じた経済成長・雇用創出など、新たな成長の源泉としていきます。

2.基本原則 *－３Ｒ＋Renewable(持続可能な資源)－*

○循環型社会形成推進基本法に規定する基本原則を踏まえ、

①　ワンウェイの容器包装・製品をはじめ、回避可能なプラスチッ

クの使用を合理化し、無駄に使われる資源を徹底的に減らすとともに、
② より持続可能性が高まることを前提に、プラスチック製容器包装・製品の原料を再生材や再生可能資源（紙、バイオマスプラスチック[9]等）に適切に切り替えた上で、
③ できる限り長期間、プラスチック製品を使用しつつ、
④ 使用後は、効果的・効率的なリサイクルシステムを通じて、持続可能な形で、徹底的に分別回収し、循環利用（リサイクルによる再生利用、それが技術的経済的な観点等から難しい場合には熱回収によるエネルギー利用を含め）を図ります。

特に、可燃ごみ指定収集袋など、その利用目的から一義的に焼却せざるを得ないプラスチックには、カーボンニュートラルであるバイオマスプラスチックを最大限使用し、かつ、確実に熱回収します。

いずれに当たっても、経済性及び技術可能性を考慮し、また、製品・容器包装の機能（安全性や利便性など）を確保することとの両立を図ります。

○また、海洋プラスチック問題に対しては、陸域で発生したごみが河川その他の公共の水域等を経由して海域に流出することや直接海域に排出されることに鑑み、上記の３Ｒの取組や適正な廃棄物処理を前提に、プラスチックごみの流出による海洋染が生じないこと（海洋プラスチックゼロエミッション）を目指し、犯罪行為であるポイ捨て・不法投棄撲滅を徹底するとともに、清掃活動を推進し、プラスチックの海洋流出を防止します。また、海洋ごみ

---

[9] バイオマスプラスチックとは、原料として植物などの再生可能な有機資源を使用するプラスチック素材をいう。

の実態把握及び海岸漂着物等の適切な回収を推進し、海洋汚染を防止します。

○さらに、国際的には、こうした我が国の率先した取組を世界に広め、アジア・太平洋、アフリカ等の各国の発展段階や実情に応じてオーダーメイドで我が国のソフト・ハードの経験・技術・ノウハウをパッケージで輸出し、世界の資源制約・廃棄物問題、海洋プラスチック問題、気候変動問題等の同時解決や持続可能な経済発展に最大限貢献します。

○以上に当たっては、国民レベルの分別協力体制や優れた環境・リサイクル技術など我が国の強みを最大限生かし伸ばしていくとともに、国、地方自治体、国民、事業者、ＮＧＯ等による関係主体の連携協働や、技術・システム・消費者のライフスタイルのイノベーションを推進し、幅広い資源循環関連産業の振興により、我が国経済の成長を実現していきます。

3.重点戦略 *-実効的な①資源循環、②海洋プラ対策、③国際展開、④基盤整備 –*

（1） プラスチック資源循環

① リデュース等の徹底

○ワンウェイの容器包装・製品のリデュース等、経済的・技術的に回避可能なプラスチックの使用を削減するため、以下のとおり取り組みます。

>ワンウェイのプラスチック製容器包装・製品については、不必要に使用・廃棄されることのないよう、消費者に対する声かけの励行等はもとより、レジ袋の有料化義務化（無料配布禁止等）をはじめ、無償頒布を止め「価値づけ」をす

ること等を通じて、消費者のライフスタイル変革を促します。

その際には、中小企業・小規模事業者など国民各界各層の状況を十分踏まえた必要な措置を講じます。

また、国等が率先して周知徹底・普及啓発を行い、こうした消費者のライフスタイル変革に関する国民的理解を醸成します。

>代替可能性が見込まれるワンウェイの容器包装・製品　等については、技術開発等を通じて、その機能性を保持・向上した再生材や、紙、バイオマスプラスチック等の再生可能資源への適切な代替を促進します。

>ワンウェイのプラスチック製容器包装・製品の環境負荷を踏まえ、軽量化等の環境配慮設計やリユース容器・製品の利用促進、普及啓発を図ります。

>このほか、

・モノのサービス化

・シェアリング・エコノミー

・修繕・メンテナンス等による長寿命化、再使用

など、技術・ビジネスモデル・消費者のライフスタイルのイノベーションを通じたリデュース・リユースの取組を推進・支援します。

② 効果的・効率的で持続可能なリサイクル

○使用済プラスチック資源の効果的・効率的で持続可能な回収・再生利用を図るため、以下のとおり取り組みます。

>「分ければ資源、混ぜればごみ」の考えに立って、資源化のために必要な分別回収・リサイクル等が徹底されるよう推進を

図ります。

　このため、プラスチック資源について、幅広い関係者にとって分かりやすく、システム全体として効果的・合理的で、持続可能な分別回収・リサイクル等を適正に推進するよう、そのあり方を検討します。

　また、漁具等の海域で使用されるプラスチック製品についても陸域での回収を徹底しつつ、可能な限り分別、リサイクル等が行われるよう取組を推進します。

> 質が高いプラスチック資源の分別回収・リサイクルを促す観点から、回収拠点の整備推進を徹底しつつ、事業者や地方自治体など多様な主体による適正な店頭回収や拠点回収の推進や、最新のＩｏＴ技術も活用した効果的・効率的で、より回収が進む方法を幅広く検討します。

> 分別回収、収集運搬、選別、リサイクル、利用における各主体の連携協働と全体最適化を通じて、費用最小化と資源有効利用率の最大化を社会全体で実現する、持続的な回収・リサイクルシステム構築を進めます。

この一環として、

・分別が容易で、リユース・リサイクルが可能な容器包装・製品の設計・製造

・市民・消費者等による分別協力と選別等の最新技術の最適なな組み合わせを図ります。

・分別・選別されるプラスチック資源の品質・性状等に応じて、循環型社会形成推進基本法の基本原則を踏まえて、材料リサイクル、ケミカルリサイクル、そして熱回収を最適に組み合わせることで、資源有効利用率の最大化を図ります。

> 生産拠点の海外移転の進展や、アジア各国の輸入規制をはじめ国際的な資源循環の変化に迅速かつ適切に対応し、我が国のプラスチック資源の循環が適正かつ安定的に行われるよう、国内におけるリサイクルインフラの質的・量的確保や利用先となるサプライチェーンの整備をはじめ、適切な資源循環体制を率先して構築します。

> 易リサイクル性等の環境配慮設計や再生材・バイオマスプラスチックの利用などのイノベーションが促進される、公正かつ最適なリサイクルシステムを検討します。

③ 再生材・バイオプラスチックの利用促進

○ プラスチック再生材市場を拡大し、また、バイオプラスチック[10]の実用性向上と化石燃料由来プラスチックとの代替促進を図るため、以下のとおり取り組みます。

> リサイクル等の技術革新やインフラ整備支援を通じて利用ポテンシャルを高めるとともに、バイオプラスチックについては低コスト化・生分解性などの高機能化や、特に焼却・分解が求められる場面等への適切な導入支援を通じて利用障壁を引き下げます。

> また、再生材・バイオプラスチック市場の実態を把握しつつ、グリーン購入法等に基づく国・地方自治体による率先的な公共調達、リサイクル制度に基づく利用インセンティブ措置、マッチング支援、低炭素製品としての認証・見える化、消費者への普及促進などの総合的な需要喚起策を講じます。

> プラスチック再生材の安全性を確保しつつ、繰り返しの循環

[10]バイオプラスチックとは、バイオマスプラスチックと生分解性プラスチックの総称。

利用ができるよう、プラスチック中の化学物質の含有情報の取扱いの検討・整理を行います。また、これらの化学物質に係る分析測定・処理を含めた基盤整備の充実を図ります。

> 可燃ごみ用指定収集袋などの燃やさざるを得ないプラスチックについては、原則としてバイオマスプラスチックが使用されるよう、取組を進めます。

> その他、バイオプラスチックについては、環境・エシカル的側面、生分解性プラスチック[11]の分解機能の評価を通じた適切な発揮場面（堆肥化、バイオガス化等）やリサイクル調和性等を整理しつつ、用途や素材等にきめ細かく対応した「バイオプラスチック導入ロードマップ」を策定し、静脈システム管理と一体となって導入を進めていきます。

（2）海洋プラスチック対策

○ 海洋プラスチック対策も成長の誘因であり、経済活動の制約ではなくイノベーションが求められています。こうした考えの下、プラスチックごみの流出による海洋汚染が生じないこと（海洋プラスチックゼロエミッション）を目指し、(1)のプラスチック資源循環を徹底するとともに、海洋プラスチック汚染の実態の正しい理解を促し国民的機運を醸成し、①犯罪行為であるポイ捨て・不法投棄の撲滅を徹底した上で、清掃活動を含めた陸域での廃棄物適正処理、②マイクロプラスチック流出抑制

---

[11]生分解性プラスチックとは、プラスチックとしての機能や物性に加えて、ある一定の条件の下で自然界に豊富に存在する微生物などの働きによって分解し、最終的には二酸化炭素と水にまで変化する性質を持つプラスチックをいう。

対策、③海洋ごみの回収処理、④代替イノベーションの推進、⑤海洋ごみの実態把握について、以下のとおり取り組みます。

① 犯罪行為であるポイ捨て・不法投棄撲滅に向けた措置を強化し、また、各地域で行われている不法投棄・ポイ捨て防止アクション、美化・清掃活動と一体となって、プラスチックの陸域から海への流出を抑制します。特に流域単位で連携した取組が有効であり、各主体による連携協働の取組を支援します。

② 2020年までに洗い流しのスクラブ製品に含まれるマイクロビーズの削減を徹底するなど、マイクロプラスチックの海洋への流出を抑制します。

　また、プラスチック原料・製品の製造、流通工程はじめサプライチェーン全体を通じてペレット等の飛散・流出防止の徹底を図ります。

③ 地方自治体等への支援等を通じて、地域の海岸漂着物等の回収処理を進めます。

④ 海で分解される素材（紙、海洋生分解性プラスチック等）の開発・利用を進めます。

⑤ 海外由来も含め、我が国近海沿岸における漂流・漂着・海底ごみの実態把握のため、モニタリング・計測手法等の高度化及び地方自治体等との連携強化とともに国際的な普及を進め、我が国のみならず世界的な海洋ごみの排出削減につなげていきます。

（3）国際展開

○ 我が国として、プラスチック資源循環及び海洋プラスチック対策を率先垂範することはもとより、そこで得られた知見・経験・技術・ノウハウをアジア太平洋地域はじめ世界各国に共有しつつ、必要な支援を行い、世界をリードすることで、グローバルな資源制約・廃棄物問題等と海洋プラスチック問題の同時解決に積極的に貢献していきます。このため、各主体との連携協働により以下の取組を進めます。

① 途上国における海洋プラスチックの発生抑制等、地球規模での実効性のある対策支援を進めていきます。

具体的には、各国に適した形での適正な廃棄物管理システムを構築し、資源循環の取組を進めていくことが喫緊の課題であり、我が国の有する

・分別収集システム、法制度等のソフト・インフラの導入
・リサイクル・廃棄物処理施設等のハード・インフラの導入
・廃棄物の適正な埋立指導や現地の人材育成、環境教育等のキャパシティビルディング
・プラスチック代替品やリサイクル技術等に関するイノベーション・技術導入の支援など、アジア・太平洋、アフリカ等の相手国ニーズ・実情に応じたオーダーメイド輸出により、我が国産業界とも一体となった国際協力・国際ビジネス展開を積極的に図ります。

② 地球規模のモニタリング・研究ネットワークの構築を進めていきます。

具体的には、我が国としてモニタリング・計測手法等の高度化や地球規模での海洋プラスチックの分布・動態に関する把握・モデル化、生態影響評価等の研究開発を率先して進めるとともに、モニタリング手法の国際調和・標準化

や東南アジアをはじめとした地域におけるモニタリングのための人材育成、実証事業等による研究ネットワーク体制の構築を通じて、海洋ごみの世界的な削減に貢献していきます。

(4) 基盤整備

○ 以上の取組を横断的に行っていくための基盤として、①社会システムの確立、②資源循環関連産業の振興、③技術開発、④調査研究、⑤連携協働、⑥情報基盤、⑦海外展開基盤について、以下のとおり取り組みます。

① 国民レベルでの分別協力体制、優れた環境技術等の強みを最大限生かしながら、効果的・効率的で持続可能なリサイクルシステムを構築します。

このため、分別協力、犯罪行為であるポイ捨て・不法投棄撲滅等を含めた文化、 コミュニティ、制度・仕組み、各主体の連携協働体制、選別・洗浄・原料化等のリサイクル施設・設備、下支えする静脈システム等のソフト・ハードのインフラ整備やサプライチェーン構築を図ります。

② 資源循環の担い手となる動脈から静脈に渡る幅広いリサイクル・資源循環関連産業の振興・高度化、国際競争力の強化や、これらの産業における人材の確保・育成等を多面的に支援・振興します。

③ 技術や消費者のライフスタイルのイノベーションを促すため、

・再生可能資源である紙、バイオマスプラスチック等のプ ラスチック代替製品の開発や転換

・リサイクル困難製品の易リサイクル化や革新的リサイクル技術の開発
・IoT や AI 等の最新技術を活用した次世代・ベンチャービジネスの育成
・あらゆる場面へのシェアリング・エコノミーの展開
などを総合的に支援・後押しします。

④ マイクロビーズを含むマイクロプラスチックの使用実態、人の健康や環境への影響、海洋への流出状況、流出抑制対策等に関する調査・研究等を推進します。

⑤ 海洋プラスチック問題等の解決に向けて、あらゆる普及啓発・広報、環境教育を通じて海洋プラスチック汚染の実態の正しい理解を促しつつ、国民的気運を醸成し、国、地方自治体、国民、ＮＧＯ、事業者、研究機関等の幅広い関係主体が一つの旗印の下連携協働して、ポイ捨て・不法投棄の撲滅を徹底した上で、不必要なワンウェイのプラスチックの排出抑制や分別回収の徹底など、海洋ごみの発生防止に向けてワンウェイ等の“プラスチックとの賢い付き合い方”を進め、国内外に積極的に発信する「プラスチック・スマート」を強力に展開します。

具体的には、各主体による、犯罪行為であるポイ捨て・不法投棄撲滅、清掃活動や海洋ごみの回収等に関する取組や、プラスチック代替製品の開発利用等を通じたワンウェイのプラスチックの排出抑制、回収・リサイクルの徹底、再生材や再生可能資源（紙、バイオマスプラスチック等）の率先利用、海外における廃棄物管理システムの構築支援、環境月間、３Ｒ推進月間等における各主体の実効的な連携協働の取組などを推進します。

また、「プラスチック・スマートフォーラム」において、関係主体の取組及び成果の共有等を行うことで、継続的な取組展開を図るための基盤作りを進めます。

さらに、国自らが率先して不必要なワンウェイのプラスチックの排出抑制や再生可能資源の利用等に取り組みます。

⑥ 実効性のある取組のベースとなる、プラスチック生産・消費・排出量や有効利用量などのマテリアルフローを各主体と連携しながら整備を図ります。

また、国際的に広がりを見せる「ESG投資」(環境(Environment)・社会(Social)・企業統治(Governance)といった要素を考慮する投資))や「エシカル消費」(人や社会、環境に配慮した消費行動)において、企業活動を評価する一つの判断材料として捉えられうることを踏まえた適切な情報基盤の整備等の検討・実施を図ります。

⑦ 関係する府省庁が緊密に連携しつつ、国際協力機構(JICA)、国際協力銀行(JBIC)、アジア開発銀行、地方自治体や我が国の企業等とも協力しながら、我が国の有する知見・経験や優れた環境技術、リサイクルシステムや廃棄物発電などの世界各地へのソフト・ハードのインフラ・技術、人材育成等も含めた総合的な環境インフラ輸出を、強力に展開します。

4. おわりに -今後の戦略展開-

○ 以上の戦略的展開を通じて、我が国のみならず、世界の資源・廃棄物制約、海洋プラスチック問題、気候変動等の課題解決に寄与すること（天然資源の有効利用、海洋プラスチックゼロエミッションや温室効果ガスの排出抑制）に加え、動静脈にわたる幅広い資源循環産業の発展を通じた経済成長や雇用創出[12]が見込まれ、持続可能な発展に貢献します。

○ 本戦略の展開に当たっては、以下のとおり世界トップレベルの野心的な「マイルストーン」を目指すべき方向性として設定し、国民各界各層との連携協働を通じて、その達成を目指すことで、必要な投資やイノベーションの促進を図ります。

（リデュース）

・ > 消費者はじめ国民各界各層の理解と連携協働の促進により、代替品が環境に与える影響を考慮しつつ、2030年までに、ワンウェイのプラスチック（容器包装等）をこれまでの努力も含め累積で25%排出抑制するよう目指します。

（リユース・リサイクル）

・ > 2025年までに、プラスチック製容器包装・製品のデザインを、容器包装・製品の機能を確保することとの両立を図りつつ、技術的に分別容易かつリユース可能又はリサイクル可能なものとすることを目指します（それが難しい場合にも、熱回収可能性を確実に担保することを目指します）。

---

[12]例えば、我が国において未利用プラスチックをすべて有効利用し、また、再生利用、再生可能資源（紙、バイオマスプラスチック等）の利用を一定程度拡大した場合、
> 経済効果として＋約 1.4 兆円/年
> 雇用創出効果として＋約 4 万人
> 温室効果ガス削減量として－約 6.5 百万 t-CO2/年
のプラスの効果（世界全体に単純に拡大した場合、それぞれ＋約 54 兆円/年、＋約 154 万人、－約 240 百万 t-CO2/年）が見込まれるとの民間研究機関の試算がある。

> 2030 年までに、プラスチック製容器包装の６割をリサイクル又はリユース又はリサイクルするよう、国民各界各層との連携協働により実現を目指します。

> 2035 年までに、すべての使用済プラスチックをリユース又はリサイクル、それが技術的経済的な観点等から難しい場合には熱回収も含め 100%有効利用するよう、国民各界各層との連携協働により実現を目指します。

（再生利用・バイオマスプラスチック）

> 適用可能性を勘案した上で、政府、地方自治体はじめ国民各界各層の理解と連携協働の促進により、2030 年までに、プラスチックの再生利用（再生素材の利用）を倍増するよう目指します。

> 導入可能性を高めつつ、国民各界各層の理解と連携協働の促進により、2030 年までに、バイオマスプラスチックを最大限（約 200 万トン）導入するよう目指します。

○ 今後、本戦略に基づき、関係する府省庁が緊密に連携しながら、国として予算、制度的対応などあらゆる施策を速やかに総動員してプラスチックの資源循環を進めていきます。 また、施策の進捗状況を確認しつつ、最新の科学的知見に基づく見直しを行っていきます。

○ また、各主体の自主的な取組を後押しし、国内外における連携協働の取組を更に推進していきます。

（以上）

【参考資料２】日本の循環型社会形成推進政策の主要点

A. 循環型社会形成推進基本法（平成 12 年法律 110 号）の概要

循環型社会形成推進法(1)

1. 循環型社会

[1]廃棄物等の発生抑制、[2]循環資源の循環的な利用、[3]適正な処分が確保されることによって、天然資源の消費を抑制し、環境への負荷ができる限り低減される社会。

2. 「廃棄物等」の概念

法の対象となる物を有価・無価を問わず「廃棄物等」とし、廃棄物等のうち有用なものを「循環資源」と位置づけ、その循環的な利用を促進。

3. 循環資源の循環的な利用及び処分の基本原則

[1]発生抑制、[2]再使用、[3]再生利用、[4]熱回収、[5]適正処分
←処理の優先順位を法定化

4. 各主体の役割分担

国、地方公共団体、事業者、国民の適切な役割分担、適正・公平な費用負担による。とくに、

[1] 事業者・国民の「排出者責任」を明確化。

[2] 生産者が、自ら生産する製品等について使用され、廃棄物となった後まで一定の責任を負う「拡大生産者責任」の一般原則を確立。

循環型社会形成推進法(2)

5. 「循環型社会形成推進基本計画」の策定

環境大臣が立案して閣議により策定し、国会に報告。見直しは5年ごと。

6. 循環型社会形成のための国の施策

- 廃棄物等の発生抑制のための措置
- 「排出者責任」の徹底のための規制等の措置
- 「拡大生産者責任」を踏まえた措置(製品等の引取り・循環的な利用の実施、製品等に関する事前評価)
- 再生品の使用の促進
- 環境の保全上の支障が生じる場合、原因事業者にその原状回復等の費用を負担させる措置

等

B. 循環型社会形成推進基本計画の策定の骨子

循環型社会形成推進基本計画

・第1次循環基本計画 （2003年3月14日閣議決定）
←物質フローに関する目標を提示
1「入口」：資源生産性（＝GDP/天然資源等投入量）
2「循環」：循環利用率（＝循環利用量/循環利用量＋天然資源等投入量）
3「出口」：最終処分量

・第2次環境基本計画 （2008年3月25日閣議決定）
持続可能な発展、生物多様性保全、循環型社会形成の統合
地域循環経済圏の構築、指標・数値目標

・第3次環境基本計画 （2013年5月31日閣議決定）
量に加え質を重視、リユース・有用金属の回収、東日本大震災への対応

・第4次環境基本計画 （2018年6月19日閣議決定）
地域循環共生圏形成による地域活性化
ライフサイクル全体での徹底的な資源循環
適正処理の更なる推進と環境再生に重点

第４次計画に掲げる全体像に係る指標・目標

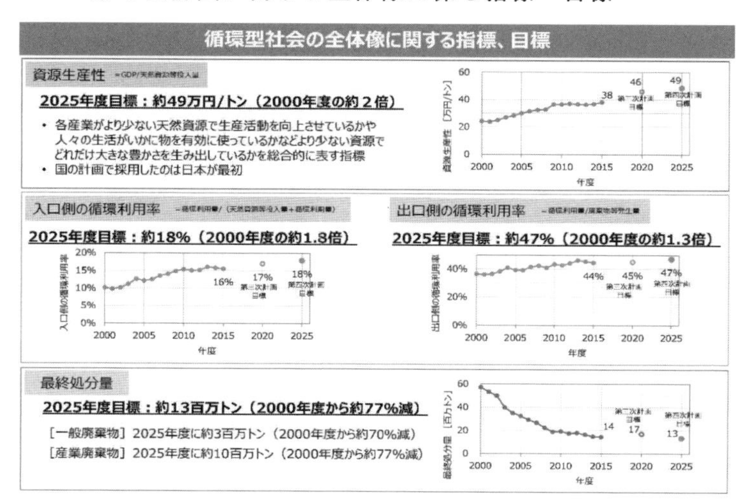

C. 循環型社会形成関係法の体系

循環が社社会形成推進法の傘下に、個別各分野のリサイクル法が制定されています。

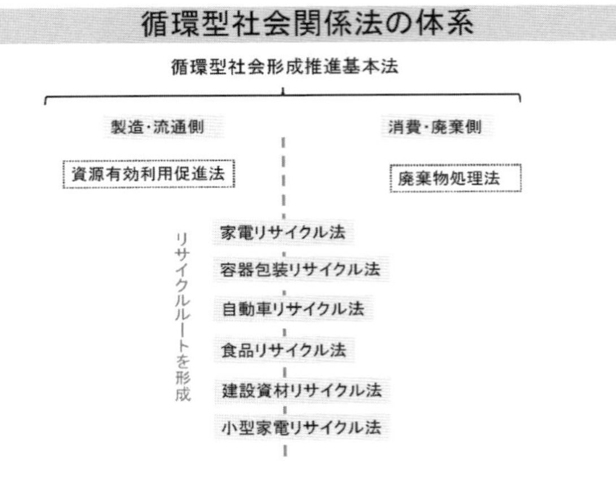

D. 容器包装リサイクル法の概要

前記個別リサイクル法のうち、使い捨てプラスチックと関係が深いのは「容器包装に係る分別収集及び再商品化の促進等に関する法律（平成７年法律第112号）」です。

【参考資料２】日本の循環型社会形成推進政策の主要点

容器包装リサイクル法(1)

1. 容器包装

　←　商品の容器及び包装(それ自体が有償の場合を含む。)で、その商品が費消・分離された場合に不要になるもの

2. リサイクルループ

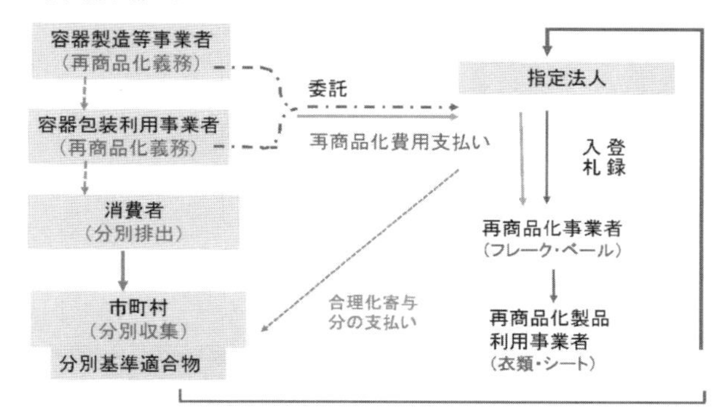

容器包装リサイクル法(2)

3. 容器リサイクル法の構成

(1)容器包装

←商品の容器包装で商品の費消、商品との分離で不要になるもの

＊特定容器：ガラス製容器、ペットボトル、紙製容器、
　　　　　　プラスチック製容器(トレー、袋も含まれる)

＊特定包装：特定容器以外の容器包装

(2)分別基準適合物(再商品化の対象)

←市町村が分別収集して得られた物で、一定要件の下に保管されている物

＊特定分別基準適合物：容器包装区分毎に分類された分別基準適合物

(3)再商品化義務

←次の事業者に、特定分別基準適合物の再商品化義務量を課す。
最商品化義務量は、各事業者の寄与を念頭に一定の算式で求める。

①特定容器製造者(従業員数・売上高で小規模事業者を裾切り)

②特定容器利用者　　　〃

③特定包装利用者　　　〃

容器包装リサイクル法（3）

4. 再商品化ルート

（1）指定法人ルート←**指定法人と契約し、再商品化の委託する。**

（2）独自ルート

←ルート全体について環境大臣・経産大臣・事業所管大臣の認定を受ける。

（3）自主回収ルート

←自主回収について環境大臣・経産大臣・事業所管大臣の認定を受ける。

5. 市町村への資金拠出

← 再商品化に要する総額の見込額から、実績額を引いて「費用効率化分」が生じた場合、その1/2を市町村による貢献として「合理化拠出金」を支払う。

6. 排出抑制

（1）指定容器包装利用事業者

← 事業所管大臣が、判断基準を示し、指導助言ができる。

（2）容器包装多量利用事業者

← 利用量の多い事業者は、事業所管大臣に定期報告。
事業所管大臣は勧告・命令ができる。

（文末注）

[i] エレン・マッカーサー基金の報告書：“*THE NEW PLASTICS ECONOMY RETHINKING THE FUTURE OF PLASTICS* ”(Ellen Macarthur Foundation)
https://www.ellenmacarthurfoundation.org/our-work/activities/new-plastics-economy/2016-report（2019年3月閲覧）。

[ii] Erikson ら(2014)：M.Eriksen, L.C.M.Lebreton, H.S.Carson, M.Thiel, C.J.Moore, J.C.Borerro, F.Galgani, P.J.Ryan, J.Reisser
“Plastic Pollution in the World's Oceans: More than 5 Trillion Plastic Pieces Weighing over 250,000 Tons Afloat at Sea”
PLOS One 9(12), DOI:10.1371/ journal.pone.0111913

[iii] Geyer ら(2017)：R.Geyer, J.R.Jambeck, K.L.Law
“Production, use, and fate of all plastics ever made”
Science advances, 3(7), e1700782. DOI: 10.1126/sciadv.1700782

[iv] Jambeck ら(2015) :J.R.Jambeck, R.Geyer, C.Wilcox, T.R.Siegler, M.Perryman, A.Andrady, R.Narayan, K.L.LAW
“Plastic waste inputs from land into the ocean”
(2015.Feb. Science) DOI: 10.1126/science.1260352

[v] 海洋に流出するプラスチックごみの推計量
＝管理できていないプラスチックごみ量×海洋に流出する割合
各国の「管理できていないプラスチックごみ量」は次による。

使用データ	出典
海岸の人口密度	世界の人口密度分布を用いた海岸線から50km以内の人口密度推定値
ごみ発生率	世界銀行による見積値より引用（※）
発生したごみのうちプラスチックごみが含まれる割合	世界銀行による見積値より引用（※）

(文末注)

発生ごみのうち不適切に管理されたごみの割合	廃棄物管理方法及び国の所得のレベルを基に推定
発生したごみのうち散乱ごみの割合	米国のごみ研究結果から引用して 2%を世界共通で使用

(※) 世界銀行による見積値が無い国の場合は、各国の所得を3クラスに分けて算出した平均値を使用。その国が該当する所得クラスの平均値を用いた。

「海洋に流出する割合」は、サンフランシスコ湾で実施した研究を基に最小 15%、最大 40%と仮定して、世界共通に用いた。

vi UNEP 報告書：UNEP“ *SINGLE-USE PLASTICS A Roadmap for Sustainability*”(2018)

vii OECD「再生プラスチック市場のレビュー」：OECD“*Improving Markets for Recycled Plastics　Trends, Prospects and Policy Responses*” (2018)

viii プラスチックは、合成樹脂で、塑性（plasticity）をもっていて任意の形に成形できるものです。ポリエチレンやポリスチレンのように熱によって可塑性を生じ、冷やすと固まる熱可塑性樹脂と、フェノール樹脂のように加熱すると可塑性を生じるが、加熱を続けると分子間に架橋が生じ、硬化して可塑性をもたなくなる熱硬化性樹脂があります。

現在、大量に使われているプラスチックは、①ポリ塩化ビニル、②ポリスチレン、③ポリプロピレン、④ポリエチレンで、世界の生産量の 60%以上を占め、四大プラスチックと言われています。

①塩化ビニル（polyvinyl chloride、PVC）…耐水、耐薬品性、難燃、絶縁の優れた性質を持ち、硬質にも軟質にもなり安価であることから、極めて幅広い用途に用いられ、ソフビの材料にもなります。

②ポリスチレン（polystyrene)…熱可塑性で、成型が容易で安価であることから、広く日用品やプラモデルに使われます。発泡スチロールは、これを成形したものです。

③ポリプロピレン（polypropylene、PP）…耐薬品性、絶縁性で強

度が高く、水に浮かびます。包装材料、繊維、文具、実験器具等に幅広く使われます。

④ポリエチレン (polyethylene、PE) …古くから開発された樹脂で、耐薬品性、絶縁に優れ、容器や包装用フィルムをはじめ、様々な用途に使われています。

マイクロビーズの材料も主にポリエチレンです。

また、ポリカーボネートやポリアセタール樹脂などは、一般のプラスチックに比べて丈夫で、耐熱性や耐久性に優れていると言われます。

[ix] POPs残留性有機汚染物質 (Persistent Organic Pollutants):環境中での残留性が高いPCB、DDT、ダイオキシン等の有害な有機化学物質。2001年採択の「残留性有機汚染物質に関するストックホルム条約」により、国際的に協力して廃絶、削減等を行うこととされています。

[x] Jambeckらの推計では、散乱ごみ (litter) については、唯一参照することができた"*2009 NATIONAL VISIBLE LITTER SURVEY AND LITTER COST STUDY*"(Keep America Beautiful Inc. Stanford, Connecticut)に拠ったとしています。

[xi] メルヴィル『白鯨』(新潮文庫72刷2015年) 上P296

[xii] スタニスラフ・レム『ソラリス』(ハヤカワ文庫2015年) p206

[xiii] バイオプラスチックと言われるものは、次の二つがあります。

① バイオマスプラスチック:再生可能な有機資源を原料にして作られるプラスチックで、石油代替を図るものです。

他面で、食品用と競合しないか、温室効果ガス削減の見地からLCA(ライフサイクルアナリシス)で効果的なのか、との議論があります。

② 生分解性プラスチック:微生物の働きにより土中や水中で分解することで、いつまでも人工物が環境中に残留しない効果を狙うものです。

他面で、海洋環境中では分解に長期間を要するのではないか、易分解のため他のプラスチックと混在するとリサイクルルートを阻害しないか、との議論があります。
両者の関係を図示すると次のとおりです。

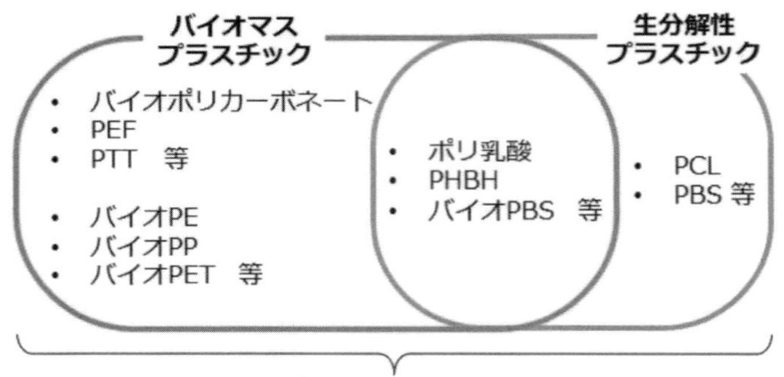

👁お片付け

人類の作り出した便利なものも、最後は〝お片付け〟をきちんとしなきゃ！

かつて、環境立法、環境政策に関わってきましたが、その変遷を振り返って、初めの20年を「Ⅰ汚染との闘いの時代」、次の20年を「Ⅱ win-win追及の時代」と考えると、現在のⅢの時期を何と名付けようかと考えて、そうだ、「Ⅲお片付けの時代」ではないか、と思ったのは、海洋プラスチック問題が大きな契機です。

環境立法の過去・現在・未来

公害対策前史時代

Ⅰ	1972年 国連人間環境会議(ストックホルム)	1967年 公害対策基本法	1971年 環境庁設置	汚染との闘いの時代
Ⅱ	1992年 国連地球環境 サミット(リオ)	1993年 環境基本法	2001年 環境省設置	win-win追求の時代
Ⅲ	2015年 気候変動パリ協定	2011年 東日本大震災	2012年 原子力規制委員会が外局となる	何の時代？

2030年頃？

お片付けの時代か？

2011年の東日本大震災による原発事故で汚染した土壌等の除染、いよいよ完了させなければならない保管中PCBの処分、それに海洋プラスチック問題となると、人間がしでかした、散らかしてしまったものを回収しなければいけない、そのことが現実化する時代に入ったようです。

赤塚不二夫氏の漫画の有名なキャラクター〝レレレのおじさん〟のモデル「周利槃特」（チューラパンタカ）は、お釈迦さまに言われて、「塵を除く、垢を除く」と唱えて、ひたすらお掃除をして悟りを得たと言います。

分かっちゃいるけどやめられない、ではなくて、分かっていたことではあるが、いよいよ本当にやらなきゃけない、ということで、本書のお話も仕舞いたいと思います。

これで全部？

いえ、読者に〝おまけ〟があります。

この本では、G20サミット大阪に向けての期待を述べて筆をおきましたが、その前哨戦とG20サミットの結果を収録していないのが心残りです。

そこで2019年7月末目途に、これを記した電子ファイルを、信山社のホームページにアップロードいたします。

次により、ダウンロードしていただければ幸いです。

『海洋プラスチック速報』読者への〝おまけ〟
【ダウンロード用ホームページ】
https://www.shinzansha.co.jp/files/seigo-hoi-ta-dosuru-kaiyoplastic.pdf
【パスワード】kaiyoplastic

〈著者紹介〉

西尾 哲茂（にしお　てつしげ）

1972年東大法学部卒、同年環境庁入庁。2001年環境省自然環境局長、以後官房長等を経て2008年環境事務次官。

この間、公害健康被害補償法、環境影響評価法案、自動車NOx・PM法、環境基本法、地下水浄化命令、土壌汚染対策法、VOC規制、石綿被害救済法の立案、自然公園整備事業の公共事業化、エコポイントの実施などに参画。2009年退官。2010年早稲田大学大学院環境・エネルギー研究科教授、2011年から2017年まで明治大学法学部教授。

近著に『わか～る環境法』（信山社、第1版2017年 増補改訂版2019年）

『この本は環境法の入門書のフリをしています』（信山社、2018年）

＊挿絵は、「なっちゃん」との合作です。

ど～する
海洋プラスチック
── 速報：とにかく早いのが取り柄

2019（令和元）年5月28日　第1版第1刷発行

発行者　今井　貴・稲葉文子
発行所　株式会社　信　山　社
〒113-0033　東京都文京区本郷6-2-9-102
Tel 03-3818-1019　Fax 03-3818-0344
笠間才木支店　〒309-1611 茨城県笠間市笠間515-3
Tel 0296-71-9081　Fax 0296-71-9082
笠間来栖支店　〒309-1625 茨城県笠間市来栖2345-1
Tel 0296-71-0215　Fax 0296-72-5410
出版契約 No.2019-6066-01011

Printed in Japan, 2019 印刷・製本 ワイズ書籍(M)／渋谷文泉閣
ISBN978-4-7972-6066-3 C3332 ¥1500E 分類321.000
p.152 6066-01011:012-018-002